职业教育"十三五"改革创新规划教材

电工电子技术与技能练习册

陈显明 编

清华大学出版社
北京

内 容 简 介

本书依据教育部颁布的《中等职业学校电工电子技术与技能教学大纲》编写,与由清华大学出版社出版、陈显明主编的《电工电子技术与技能》配套的教学辅助教材。本书共 4 个单元,内容包括电路基础、电工技术、模拟电子技术、数字电子技术。

本书适用于中等职业教育学校的工科学生。此外,还可作为职工培训及技工学校的教材。

图书在版编目(CIP)数据

电工电子技术与技能练习册/陈显明编.--北京:清华大学出版社,2016(2023.9重印)
职业教育"十三五"改革创新规划教材
ISBN 978-7-302-42575-5

Ⅰ.①电… Ⅱ.①陈… Ⅲ.①电工技术—职业教育—习题集 ②电子技术—职业教育—习题集
Ⅳ.①TM-44 ②TN-44

中国版本图书馆 CIP 数据核字(2016)第 005310 号

责任编辑:刘翰鹏
封面设计:张京京
责任校对:刘 静
责任印制:沈 露

出版发行:清华大学出版社
      网 址:http://www.tup.com.cn,http://www.wqbook.com
      地 址:北京清华大学学研大厦 A 座   邮 编:100084
      社 总 机:010-83470000   邮 购:010-62786544
      投稿与读者服务:010-62776969,c-service@tup.tsinghua.edu.cn
      质量反馈:010-62772015,zhiliang@tup.tsinghua.edu.cn
印 装 者:三河市君旺印务有限公司
经 销:全国新华书店
开 本:185mm×260mm   印 张:6.5   字 数:143 千字
版 次:2016 年 6 月第 1 版   印 次:2023 年 9 月第 3 次印刷
定 价:18.00 元

产品编号:066242-01

FOREWORD 前言

本书依据教育部颁布的《中等职业学校电工电子技术与技能教学大纲》编写，与由清华大学出版社出版、陈显明主编的《电工电子技术与技能》配套的教学辅助教材。

本书根据教学需要将每个项目按照任务配备了判断题和选择题，习题涉及的内容基本上覆盖各项目主要的知识点和基本教学要求，针对性强，便于学生复习和自学，也便于教师教学。

本书共 4 个单元，内容包括电路基础、电工技术、模拟电子技术、数字电子技术。本书由陈显明编写。

由于编写时间及编者水平有限，书中难免有疏漏和不妥之处，恳请广大读者批评指正。同时，本书在编写过程中参考了大量的文献资料，在此向文献资料的作者致以诚挚的谢意。要获取更多教材信息，请关注微信公众号：Coibook。

编　者
2016 年 3 月

CONTENTS 目录

第 1 单元　电路基础

第 2 单元　电工技术

第 3 单元　模拟电子技术

第 4 单元　数字电子技术

第1单元 电路基础

项目 1

认识电及安全用电

任务 1.1　了解生活中的电

一、判断题

1. 安全用电是衡量一个国家用电水平的重要标志之一。　　　　　　　　　　（　　　）

2. 触电事故的发生具有季节性。　　　　　　　　　　　　　　　　　　　　（　　　）

3. 由于城市用电频繁,所以触电事故城市多于农村。　　　　　　　　　　　（　　　）

4. 电灼伤、电烙印和皮肤金属化属于电伤。　　　　　　　　　　　　　　　（　　　）

5. 跨步电压触电属于直接接触触电。　　　　　　　　　　　　　　　　　　（　　　）

6. 两相触电比单相触电更危险。　　　　　　　　　　　　　　　　　　　　（　　　）

7. 0.1A 电流很小,不足以致命。　　　　　　　　　　　　　　　　　　　　（　　　）

8. 交流电比同等强度的直流电更危险。　　　　　　　　　　　　　　　　　（　　　）

9. 在任何环境下,36V 都是安全电压。　　　　　　　　　　　　　　　　　（　　　）

10. 因为零线比火线安全,所以开关大都安装在零线上。　　　　　　　　　（　　　）

二、选择题

1. 在以接地电流入地点为圆心,（　　　）m 为半径范围内行走的人,两脚之间承受跨步电压。

　　　A. 1000　　　　　　　B. 100　　　　　　　C. 50　　　　　　　D. 20

2. 50mA 电流属于（　　　）。

　　　A. 感知电流　　　　　B. 摆脱电流　　　　　C. 致命电流

3. 在下列电流路径中,最危险的是（　　　）。

　　　A. 左手—前胸　　　　　　　　　　　　　　B. 左手—双脚

　　　C. 右手—双脚　　　　　　　　　　　　　　D. 左手—右手

4. 人体电阻一般情况下取（　　）。

    A. $1\sim10\Omega$ B. $10\sim100\Omega$ C. $1\sim2k\Omega$ D. $10\sim20k\Omega$

任务1.2　了解安全用电常识

一、判断题

1. 为使触电者气道畅通，可在触电者头部下面垫枕头。   （　　）

2. 如果救护过程经历了5h，触电者仍然未醒，应该继续进行抢救。   （　　）

3. 触电者昏迷后，可以猛烈摇晃其身体，使之尽快复苏。   （　　）

4. 电气设备必须具有一定的绝缘电阻。   （　　）

5. 胸部按压的正确位置在人体胸部左侧，即心脏处。   （　　）

6. 当触电者牙关紧闭时，可用口对鼻人工呼吸法。   （　　）

7. 为了有效地防止设备漏电事故的发生，电气设备可采用接地和接零双重保护。（　　）

8. 在拉拽触电者脱离电源的过程中，救护人员应采用双手操作，保证受力均匀，帮助触电者顺利地脱离电源。   （　　）

9. 触电者由于痉挛，手指紧握导线，可用干燥的木板垫在触电者身下，再采取其他办法切断电源。   （　　）

10. 抢救时间超过5h，可认定触电者已死亡。   （　　）

二、选择题

1. 生活中需要安全用电，下列说法中正确的是（　　）。

    A. 可以在高压线下放风筝

    B. 家庭电路中的保险丝越粗越好

    C. 给电冰箱供电要使用三孔插座

    D. 电灯的开关可以接在火线上，也可以接在零线上

2. 下列说法中正确的是（　　）。

    A. 家庭电路中的熔丝熔断，一定是发生了短路

    B. 有金属外壳的家用电器，一定要插在三孔插座上

    C. 家用电能表上的示数表示了家庭用电的总功率

    D. 电风扇工作时，消耗的电能全部转化为机械能

3. 安装家庭电路时，下列说法错误的是（　　）。

    A. 各个电灯之间并联   B. 插座与电灯之间并联

    C. 开关应控制火线   D. 火线零线都要安装保险丝

4. 下列说法符合安全用电原则的是（　　）。

    A. 用粗铜丝代替保险丝

    B. 用湿的抹布擦拭正在发光的电灯泡

    C. 在通电的电线上晾晒衣服

D. 家用电器的金属外壳要接地

5. 下列导体色标,表示接地线颜色的是( )。

    A. 黄色   B. 绿色   C. 淡蓝   D. 绿/黄双色

6. 检修工作时,凡一经合闸就可送电到工作地点的断路器和隔离开关的操作手把上应悬挂( )。

    A. 止步,高压危险   B. 禁止合闸,有人工作

    C. 禁止攀登,高压危险   D. 在此工作

7. 低压照明灯在潮湿场所、金属容器内使用时应采用( )安全电压。

    A. 380V   B. 220V

    C. 等于或小于36V   D. 大于36V

任务 1.3 认识电工实训室

一、判断题

1. 人体的不同部位分别接触到同一电源的两根不同相位的相线,电流由一根相线经人体流到另一根相线的触电现象称两相触电。   ( )

2. 人体的某一部位碰到相线或绝缘性能不好的电气设备外壳时,电流由相线经人体流入大地的触电现象称单相触电。   ( )

3. 电气设备相线碰壳短路接地,或带电导线直接触地时,人体虽没有接触带电设备外壳或带电导线,但是跨步行走在电位分布曲线的范围内而造成的触电现象称跨步电压触电。   ( )

4. 我国工厂所用的380V交流电是高压电。   ( )

5. 电力部门规定的安全电压是低压电。   ( )

6. 为了保证用电安全,在变压器的中性线上不允许安装熔断器。   ( )

7. 安全用电,以防为主。   ( )

8. 触电现场抢救中不能打强心针,也不能泼冷水。   ( )

9. 建筑物上的装饰串灯的连接方式都是串联。   ( )

10. 保险丝可以用铁丝或铜丝代替。   ( )

11. 家庭电路中用电器只要并联接入电路,就能正常工作。   ( )

12. 人不接触低压带电体,不靠近高压带电体,就不会发生触电事故。   ( )

13. 短路就是电流没有经过用电器而直接和电源构成通路。   ( )

14. 选用保险丝时,应使它的额定电流等于或稍小于电路中的最大正常工作电流。   ( )

二、选择题

1. 关于安全用电,下面的说法中正确的是( )。

    A. 日常生活中不要靠近电源

B. 可以接触低压电源,不能接触高压电源

C. 日常生活中不要接触电源

D. 不接触低压电源,不靠近高压电源

2. 有几位同学讨论关于安全用电的问题时,发表了以下几种见解,不正确的是( )。

    A. 经验证明,不高于36V的电压才是安全电压

    B. 下雨天,不能用手触摸电线杆的拉线

    C. 日常生活中,不要靠近高压输电线路

    D. 空气潮湿时,换灯泡时不用切断电源

3. 正确安装三孔插座时,接地线的应该是( )。

    A. 左孔   B. 右孔   C. 上孔   D. 外壳

4. 由于使用大功率用电器,家中保险丝断了,可以代替原保险丝的是( )。

    A. 将比原来保险丝粗一倍的保险丝并在一起使用

    B. 将比原来保险丝细二分之一的保险丝并在一起使用

    C. 用铁丝接入断保险丝上

    D. 用铜丝接入断保险丝上

5. 低压验电笔一般适用于交、直流电压为( )V以下。

    A. 220   B. 380   C. 500

6. 施工现场照明设施的接电应采取的防触电措施为( )。

    A. 戴绝缘手套   B. 切断电源   C. 站在绝缘板上

7. 被电击的人能否获救,关键在于( )。

    A. 触电的方式

    B. 人体电阻的大小

    C. 能否尽快脱离电源和施行紧急救护

8. 影响电流对人体伤害程度的主要因素有( )。

    A. 电流的大小,人体电阻,通电时间的长短,电流的频率,电压的高低,电流的途径,人体状况

    B. 电流的大小,人体电阻,通电时间的长短,电流的频率

    C. 电流的途径,人体状况

9. 凡在潮湿工作场所或在金属容器内使用手提式电动工具或照明灯时,应采用( )V安全电压。

    A. 12   B. 24   C. 42

10. 施工用电动机械设备,应采用的保护措施为( )。

    A. 保护接零

    B. 必须保护接零,同时还应重复接地

    C. 重复接地

11. 用电安全措施有( )。

    A. 技术措施

    B. 组织措施和技术措施

C. 组织措施

12. 电压相同的交流电和直流电,(　　　)对人的伤害较大。

A. 交流电

B. 50～60Hz 的交流电

C. 直流电

13. 电动工具的电源引线,其中黄绿双色线应作为(　　　)线使用。

A. 相线　　　　　　B. 工作零线　　　　C. 保护接地

14. 从安全角度考虑,设备停电必须有一个明显的(　　　)。

A. 标示牌　　　　　B. 接地处　　　　　C. 断开点并设有明显的警示牌

15. 设备或线路的确认无电,应以(　　　)指示作为根据。

A. 电压表　　　　　B. 验电器　　　　　C. 断开信号

16. 一般居民住宅、办公场所,若以防止触电为主要目的时,应选用漏电动作电流为(　　　)mA 的漏电保护开关。

A. 30　　　　　　　B. 15　　　　　　　C. 6

17. 生活中需要安全用电,下列说法中正确的是(　　　)。

A. 可以在高压线下放风筝

B. 家庭电路中的保险丝越粗越好

C. 给电冰箱供电要使用三孔插座

D. 电灯的开关可以接在火线上,也可以接在零线上

18. 洗衣机、电冰箱等家用电器都使用三孔插座,是因为如果不接地,则(　　　)。

A. 家用电器不能工作

B. 家用电器的使用寿命会缩短

C. 人接触家用电器时可能发生触电事故

项目

认识直流电路

任务2.1 认识电路的组成

一、判断题

1. 蓄电池与白炽灯连接成应急照明电路时是电源,充电时也是电源。 （ ）
2. 在直流电路中,电流总是从高电位流向低电位。 （ ）
3. 在电路中,电源内部的电路称为内电路,电源外部的电路称为外电路。 （ ）
4. 电压一定时,负载大小是指通过负载的电流大小。 （ ）
5. 在电源电压不变的条件下,电路的电阻减小,就是负载减小;电路的电阻增大,就是负载增大。 （ ）

二、选择题

1. 下列设备中,一定是电源的是（ ）。
    A. 发电机　　　　　B. 电冰箱　　　　　C. 蓄电池　　　　　D. 电灯
2. 通常电工术语"负载大小"是指（ ）的大小。
    A. 等效电阻
    C. 实际电压
    B. 总电流
    D. 实际电功率

任务2.2 电流和电压的测量

一、判断题

1. 人们规定负电荷移动的方向为电流的实际方向。 （ ）
2. 电流的形成是金属导体内自由电子运动的结果。 （ ）

3. 电解液中,带正电荷的离子在电场力作用下由高电位向低电位运动形成了电流。

（　　）

4. 电路中电流的实际方向与所选取的参考方向无关。　　　　　　　　（　　）

5. 电流值的正、负在选择了参考方向后就没有意义了。　　　　　　　（　　）

6. 电路中,在静电力作用下电荷的运动方向只有一种,因此电流值只能为正值。

（　　）

7. 电流对负载有各种不同的作用和效果,而热和磁的效应总是伴随着电流一起发生。　　　　　　　　　　　　　　　　　　　　　　　　　　　　　（　　）

8. 电流的热效应既有其有利的一面,又有其有害的一面。　　　　　　（　　）

二、选择题

1. 在生产和生活中,应用电流热效应的是(　　)。
　　A. 发光二极管　　　　　　　　　　　B. 继电器线圈
　　C. 熔断器　　　　　　　　　　　　　D. 动物麻醉

2. 在生产和生活中,应用电流磁效应的是(　　)。
　　A. 电熨斗　　　　　　　　　　　　　B. 白炽灯
　　C. 蓄电池的充电　　　　　　　　　　D. 继电器线圈

3. 电流表接线如图 2-1 所示,电流流入电流表内正确的情况是(　　)。
　　A. 从标"＋"端到标"－"端　　　　　B. 从标"－"端到标"＋"端
　　C. 以上两种情况都正确

4. 如图 2-2 所示电路中,电压值相同的是(　　)。
　　A. U_1 和 U_2　　　　　　　　　　　B. U_2 和 U_4
　　C. U_1、U_2 和 U_3　　　　　　　　D. U_1、U_2、U_3 和 U_4

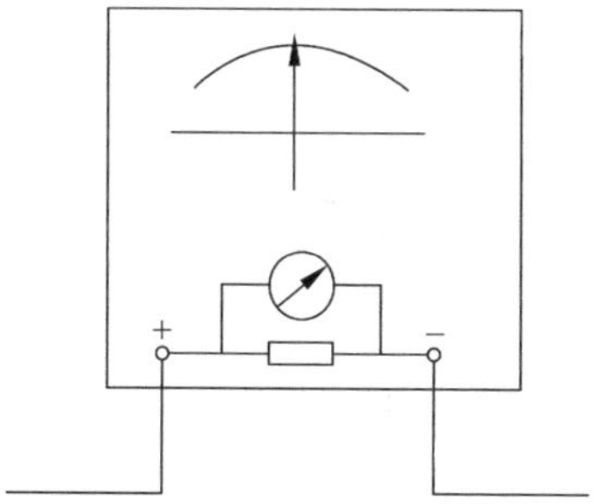

图　2-1

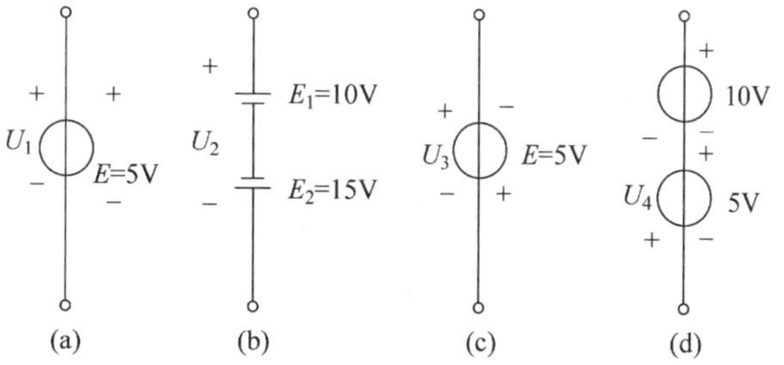

图　2-2

任务2.3　电阻识别与测量

一、判断题

1. 某线性电阻两端所加电压为 10V 时,电阻值为 10Ω,当两端所加电压增为 20V

时,其电阻值将增为 20Ω。 （ ）

2. 一电阻上标有"4 K7"字样,则该电阻标称值为 4.7kΩ。 （ ）

3. 可变电阻器的阻值是指两个固定引线之间的电阻值。 （ ）

4. 滑动电阻器不能像电热器或白炽灯一样发热、发光,因此它不是耗能元件。

（ ）

5. 具有负温度系数的热敏电阻,其电阻值随温度下降而保持原值基本不变。（ ）

6. 压敏电阻的作用之一是过压保护。 （ ）

7. 无论加在线性电阻 R 两端的电压取何值,电压 U 和相应电流 I 的比值总是不变的。 （ ）

8. 欧姆定律适用于任何电路和任何元件。 （ ）

9. 全电路欧姆定律揭示的是由电源电动势和电路结构来决定闭合电路中电流的规律。 （ ）

二、选择题

1. 电路如图 2-3 所示,当变阻器的滑动触点向右滑动时,各表读数的变化情况是（ ）。

    A. 电流表读数增大,电压表读数增大

    B. 电流表读数减小,电压表读数增大

    C. 电流表读数增大,电压表读数减小

    D. 电流表读数减小,电压表读数减小

2. 电路如图 2-4 所示,电路中电阻上的电流值 I 为（ ）A。

    A. 20   B. —20   C. 5   D. —5

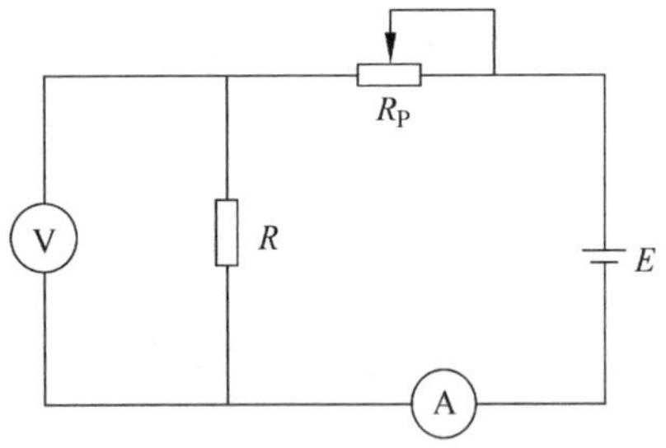

图 2-3

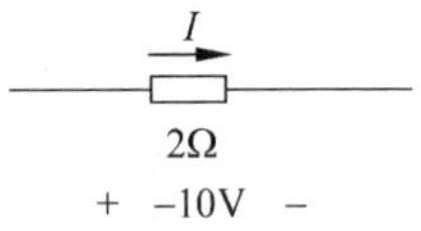

图 2-4

任务 2.4   电能与电功率的测量

一、判断题

1. 无论电阻是串联还是并联,其等效电阻都是从电路的端口对外电路等效的。

（ ）

2. 要扩大电流表的量程,应串联一个适当阻值的电阻。 （ ）

3. 一根粗细均匀的电阻丝,其阻值为 4Ω,将其等分两段,再并联使用,等效阻值是 2Ω。　　　　　　　　　　　　　　　　　　　　　　　　（　　）

4. 马路上路灯总是同时亮、同时灭,因此这些灯都是串联接入电网的。　（　　）

5. 不同极性的电荷通过吸引力而相互吸引,要把不同极性的电荷分离开,就必须通过对电荷做功来反抗这种吸引力。　　　　　　　　　　　　　（　　）

6. 如果电路中某两点的电位都很高,则该两点间的电压也一定很高。　（　　）

7. 电流做功的过程实际是电能转化为其他形式能的过程。　　　　　（　　）

8. 1 度电表示功率为 100W 的用电器工作 1h 消耗的电能。　　　　　（　　）

9. 当一个元件的电压实际极性和电流实际方向相反时,该元件是负载,吸收功率。
　　　　　　　　　　　　　　　　　　　　　　　　　　　　　　（　　）

二、选择题

1. 两个阻值均为 968Ω 的电阻,作串联时的等效电阻与作并联时的等效电阻之比为（　　）。

　　A. 2∶1　　　　　B. 1∶2　　　　　C. 4∶1　　　　　D. 1∶4

2. 电阻为 R 的两个电阻串联接在电压为 U 的电路中,每个电阻获得的功率为 P；若将两个电阻改为并联,仍接在 U 下,则每个电阻获得的功率为（　　）。

　　A. P　　　　　B. $2P$　　　　　C. $P/2$　　　　　D. $4P$

3. 在图 2-5 所示电路中,A、B 两点间的等效电阻为（　　）Ω。

　　A. 2.4　　　　　C. 31　　　　　B. 12　　　　　D. 17.9

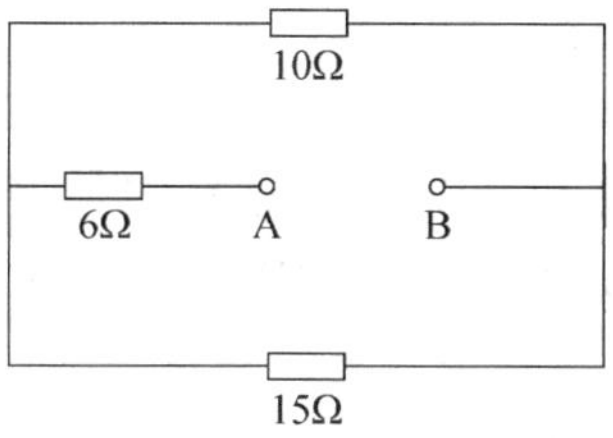

图　2-5

4. 某彩色电视机的额定功率是 200W,周一至周五每天工作 2h(小时),周六、日每天工作 4h,如每度电的电费为 0.5 元,则此彩色电视机一周的电费是（　　）元。

　　A. 18　　　　　B. 1.8　　　　　C. 0.6　　　　　D. 3.6

5. 一台电冰箱的压缩机功率为 110W,开停比约为 1∶2[开机 20min(分钟),停机 40min],则一个月[按 30d(天)计算]压缩机耗电（　　）kW·h。

　　A. 52.8　　　　　B. 26.4　　　　　C. 39.6　　　　　D. 79.2

6. 电路如图 2-6 所示,根据各元件的功率情况,指出各元件是电源还是负载,结论正确的是（　　）。

　　A. a、b 是负载,c、d 是电源　　　　　　B. a、d 是负载,b、c 是电源

　　C. a、b 是电源,c、d 是负载　　　　　　D. a、d 是电源,b、c 是负载

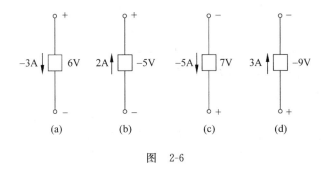

图 2-6

任务 2.5 探究电路的基本定律

一、判断题

1. 利用基尔霍夫第二定律列写回路电压方程时,所设的回路绕行方向不同会影响计算结果的大小。（　　）

2. 任一瞬时从电路中某点出发,沿回路绕行一周回到出发点,电位不会发生变化。（　　）

3. 基尔霍夫定律适用于任何瞬时、任何变化的电压和电流,以及由各种不同元件构成的电路。（　　）

二、选择题

1. 电路如图 2-7 所示,电流 I、电压 U、电动势 E 三者之间的关系为（　　）。

A. $E=U+IR$ 　　　B. $E=-U-IR$ 　　　C. $E=U-IR$ 　　　D. $E=IR-U$

2. 电路如图 2-8 所示,电压表的读数为（　　）。

A. 0 　　　　　　B. 2E 　　　　　　C. 4E

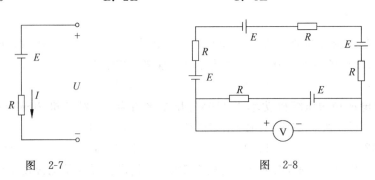

图 2-7　　　　　　　　　　　　　图 2-8

3. 电路如图 2-9 所示,A、B 两点间开路电压 U_{AB} 为（　　）V。

A. 10 　　　　　B. 8 　　　　　C. 0 　　　　　D. 14

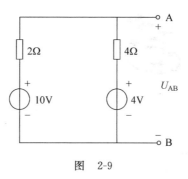

图　2-9

4. 电路如图 2-10 所示,电阻 $R=16\Omega$,若要保证使 R 上的电压 $U=48V$,则可接到 E、F 端的电路为(　　)。

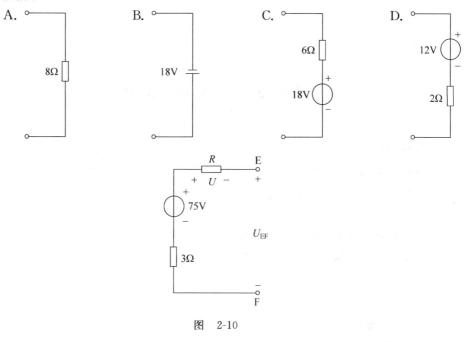

图　2-10

项目

电容和电感

任务 3.1 认识电容

一、判断题

1. 电容器两端只要有电压,电容器内就储存有一定的电场能量。　　　　　（　　）

2. 有两个端电压相等的电容器,电容小的所带电荷多。　　　　　　　　（　　）

3. 电解电容是有极性电容。　　　　　　　　　　　　　　　　　　　（　　）

4. 可变电容器是指其耐压值可以变化的电容器。　　　　　　　　　　　（　　）

5. 传输电力线之间存在一定的电容。　　　　　　　　　　　　　　　　（　　）

二、选择题

1. 电容器的容量大小（　　　）。

  A. 与外加电压有关

  B. 与极板上储存的电荷有关

  C. 与上述皆无关,是电路的固有参数

2. 照相机的闪光灯是利用（　　）放电原理工作的。

  A. 电容器　　　　　B. 电感器　　　　　C. 电阻器

任务 3.2 了解电磁感应

一、判断题

1. 线圈中有磁通就有感应电动势,磁通越大感应电动势越大。　　　　　（　　）

2. 电磁感应定律描述的导线中感应电动势大小与线圈匝数成反比。　　　（　　）

3. 线圈中磁通的大小直接影响线圈感应电动势的大小。　　　　（　　）

二、选择题

1. 楞次定律可以用来确定（　　）方向。

　　A. 导体运动　　　　　B. 感应电动势　　　　C. 磁场

2. 右手定则是判断导体切割磁感线所产生（　　）方向的简便方法。

　　A. 磁通　　　　　　　B. 导体运动　　　　　C. 感应电动势

任务 3.3　认识电感

一、判断题

1. 空心电感线圈通过的电流越大，自感系数就越大。　　　　　（　　）

2. 电感的大小与其中电流的变化率和产生的自感电动势有关，而与线圈自身的结构无关。　　　　　　　　　　　　　　　　　　　　　　　　　（　　）

3. 电感器可以是有铁心的，也可以是空心的。　　　　　　　　（　　）

二、选择题

1. 自感电动势的大小与（　　）成正比。

　　A. 电流对时间的变化率

　　B. 电流数值的大小

　　C. 电流的正负

2. 对同一线圈来说，（　　）的电感更大。

　　A. 空心　　　　　　　B. 有铁心

项目

单相正弦交流电路

任务 4.1 认识正弦交流电

一、判断题

1. 相位表示正弦量在某一时刻所处的变化状态,它不仅决定该时刻瞬时值的大小和方向,还决定该时刻正弦量的变化趋势。   (   )

2. 两个同频率的正弦量,如果同时达到最大值,那么它们是同相位的。   (   )

二、选择题

1. 在下列选项中,不是交流电的是(   )。

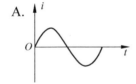

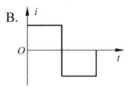

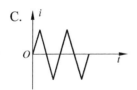

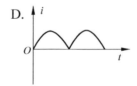

2. 人们常说的交流电压 220V、380V,是指交流电压的(　　)。

    A. 最大值 　　　　　B. 有效值 　　　　　C. 瞬时值 　　　　　D. 平均值

任务4.2　认识单一参数正弦交流电路的规律

一、判断题

1. 纯电阻电路中瞬时功率总是正值,因此它总是吸收能量。 (　　)

2. 白炽灯工作时总是把电能转化为光能、热能,因此它不消耗能量。 (　　)

3. 纯电阻电路中有功功率的计算式为 $P=U_m I_m$。 (　　)

4. 两个电压均为 110V,功率分别为 60W 和 100W 的白炽灯串联起来接在 220V 的交流电源上,两只白炽灯都能正常工作。 (　　)

5. 日常生活和工作中接触到的白炽灯、电阻炉和电烙铁等都可以看成是纯电阻元件。 (　　)

6. 电感线圈在直流电路中不呈现感抗,因为此时电感量为零。 (　　)

7. 电感线圈常称为"低通"元件,即低频电流容易通过。 (　　)

8. 在纯电感电路中,电压超前电流 $\pi/2$,所以电路中先有电压后有电流。 (　　)

9. 感抗 X_L 的物理意义是表示线圈对交流电所呈现的阻碍作用。 (　　)

10. 在电感相等的两个线圈上分别加大小相同的电压,如果所加电压频率不同,则两线圈电流不同。 (　　)

11. 电容器常称为"高通"元件,即高频电流容易通过。 (　　)

12. 电容元件在直流电路中相当于开路,因为此时容抗为无穷大。 (　　)

13. 耐压值为 500V 的电容器能够在 380V 的正弦交流电压下安全工作。 (　　)

14. 在纯电容电路中,电流的相位超前于电压,所以电路中先有电流后有电压。

(　　)

二、选择题

1. 将 $U=220V$ 的交流电压接在 $R=110\Omega$ 的电阻器两端,则电阻器上(　　)。

    A. 电压的有效值 220V,流过的电流有效值为 2A

    B. 电压的最大值 220V,流过的电流最大值为 2A

    C. 电压的最大值 220V,流过的电流有效值为 2A

    D. 电压的有效值 220V,流过的电流最大值为 2A

2. 纯电感电路中,已知电流的初相为 $-60°$,则电压的初相为(　　)。

    A. 90° 　　　　　B. 120° 　　　　　C. 60° 　　　　　D. 30°

3. 某些电容器上标有电容量和耐压值,使用时应根据加在电容器两端电压的(　　)来选择电容器。

    A. 有效值 　　　　　B. 最大值 　　　　　C. 平均值 　　　　　D. 瞬时值

任务 4.3　认识 RL 串联电路的规律

一、判断题

1. 正弦量的三要素是指最大值、角频率和相位。　　　　　　　　　　　　（　　）
2. 电感元件的正弦交流电路中，消耗的有功功率等于零。　　　　　　　　（　　）
3. 因为正弦量可以用相量表示，所以说相量就是正弦量。　　　　　　　　（　　）
4. 电压三角形是相量图，阻抗三角形也是相量图。　　　　　　　　　　　（　　）
5. 正弦交流电路的视在功率等于有功功率和无功功率之和。　　　　　　　（　　）
6. 一个实际的电感线圈，在任何情况下呈现的电特性都是感性。　　　　　（　　）
7. 串接在正弦交流电路中的功率表，测量的是交流电路的有功功率。　　　（　　）
8. 正弦交流电路的频率越高，阻抗越大；频率越低，阻抗越小。　　　　　（　　）

二、选择题

1. 某正弦电压有效值为 380V，频率为 50Hz，计时始数值等于 380V，其瞬时值表达式为（　　）V。

　　A. $u=380\sin314t$

　　B. $u=537\sin(314t+45°)$

　　C. $u=380\sin(314t+90°)$

2. 一个电热器，接在 10V 的直流电源上，产生的功率为 P。把它改接在正弦交流电源上，使其产生的功率为 $P/2$，则正弦交流电源电压的最大值为（　　）V。

　　A. 7.07　　　　　　　B. 5　　　　　　　　C. 14　　　　　　　　D. 10

3. 提高供电电路的功率因数，下列说法正确的是（　　）。

　　A. 减少了用电设备中无用的无功功率

　　B. 减少了用电设备的有功功率，提高了电源设备的容量

　　C. 可以节省电能

　　D. 可提高电源设备的利用率并减少输电线路中的功率损耗

4. 已知 $i_1=10\sin(314t+90°)$A，$i_2=10\sin(628t+30°)$A，则（　　）。

　　A. i_1 超前 i_2 60°

　　B. i_1 滞后 i_2 60°

　　C. 相位差无法判断

5. 电容元件的正弦交流电路中，电压有效值不变，频率增大时，电路中电流将（　　）。

　　A. 增大　　　　　　　B. 减小　　　　　　　C. 不变

6. 在 RL 串联电路中，$U_R=16$V，$U_L=12$V，则总电压为（　　）V。

　　A. 28　　　　　　　　B. 20　　　　　　　　C. 2

7. RL 串联电路在 f_0 时发生谐振，当频率增加到 $2f_0$ 时，电路性质呈（　　）。

　　A. 电阻性　　　　　　B. 电感性　　　　　　C. 电容性

8. 正弦交流电路的视在功率是表征该电路的(　　)。

    A. 电压有效值与电流有效值乘积

    B. 平均功率

    C. 瞬时功率最大值

任务 4.4　模拟安装家庭照明电路

一、判断题

1. 荧光灯启辉器内并联的电容是用于提高功率因数的。　　　　　　　　　　(　　)

2. LED灯除了做照明灯外,还可以用作仪器仪表的指示光源。　　　　　　　(　　)

二、选择题

1. 一盏普通的家用电灯,接在照明电路中,正常发光时通过灯丝的电流最接近的数值为(　　)。

    A. 3mA   B. 300mA   C. 3A   D. 30A

2. 安装家庭电路时,从进户线到用电器之间有闸刀开关、电能表、熔断器,它们正确的排列顺序应是(　　)。

    A. 闸刀开关、熔断器、电能表   B. 电能表、闸刀开关、熔断器

    C. 熔断器、电能表、闸刀开关   D. 电能表、熔断器、闸刀开关

3. 下列几种选择熔丝的方法,其中正确的是(　　)。

    A. 电路中最大正常工作电流等于或略小于熔丝额定电流

    B. 电路中最大正常工作电流等于或略大于熔丝额定电流

    C. 电路中最大正常工作电流等于或略小于熔丝熔断电流

    D. 电路中最大正常工作电流等于或略大于熔丝熔断电流

4. 在寻找熔丝熔断的原因时,下列可以排除的是(　　)。

    A. 插座内部"碰线"   B. 插头内部"碰线"

    C. 灯座内部"碰线"   D. 开关内部"碰线"

5. 下列做法中正确的是(　　)。

    A. 居民小院中突然停电,利用这个机会在家中检修日光灯

    B. 测电笔中的电阻丢了,用一只普通电阻代替

    C. 在有绝缘皮的通电电线上晾晒衣服

    D. 检修电路时,应先切断闸刀开关

6. 安装闸刀开关时,务必使(　　)。

    A. 静触点可以在上面,也可以在下面

    B. 静触点必须在上面,且连接电源线

    C. 静触点必须在下面,且连接电源线

    D. 电源线可以连接在闸刀开关的任何接头上

7. 照明电路中的电灯、开关正确的连接方式是（　　）。

    A. 灯和灯、灯和开关都应该并联

    B. 灯和灯、灯和开关都应该串联

    C. 灯和灯应串联，灯和开关应并联

    D. 灯和灯应并联，灯和开关应串联

8. 在家庭电路中使用用电器时，下列说法错误的是（　　）。

    A. 使用的用电器减少，干路中的电流也减少

    B. 使用的用电器减少，电路中的总电阻也变小

    C. 使用的用电器减少，电能表转盘转得变慢

    D. 使用的用电器减少，火线和零线之间电压仍为 220V

9. 小鸟停在高压线上并不会触电，其原因是（　　）。

    A. 小鸟是绝缘体，所以不会触电

    B. 小鸟的生命力很强，所以不会触电

    C. 小鸟的爪子皮很厚，所有不会触电

    D. 小鸟两爪之间的电压低，不能使小鸟触电

10. 在 220V 的照明电路中装有 40W 的电灯 10 盏，现在手边只有额定电流为 1A 的熔丝，安装熔丝比较合适的方法是（　　）。

    A. 将一根熔丝直接接在熔断器中

    B. 将两根熔丝并联后接在熔断器中

    C. 将三根熔丝并联后接在熔断器中

    D. 将三根熔丝串联后接在熔断器中

项目 5

三相正弦交流电路

任务5.1　认识三相交流电

一、判断题

1. 三相对称电动势在任一瞬时的代数和为零。　　　　　　　　　　　　（　　）

2. 三相电源系统总是对称的,与负载的连接方式无关。　　　　　　　　（　　）

3. 三相四线制的相电压对称,而线电压是不对称的。　　　　　　　　　（　　）

4. 三相制就是由三个频率相同而相位也相同的电动势供电的电源系统。（　　）

5. 电源线电压的大小与三相负载的连接方式无关。　　　　　　　　　　（　　）

6. 小鸟落在一根高压线(裸线)上,不会触电。　　　　　　　　　　　　（　　）

7. 人触及单根相(火)线有可能触电。　　　　　　　　　　　　　　　　（　　）

8. 供电系统一般所说的电压,如不特别声明都指线电压。　　　　　　　（　　）

9. 三相四线制供电系统中,人触及中性线没有危险。　　　　　　　　　（　　）

10. 三相电源作星形连接时,线电压和相电压分别是一组对称电压,它们的数值不等,但相位相同。　　　　　　　　　　　　　　　　　　　　　　　　　　（　　）

11. 目前我国低压三相四线制供电线路供给用户的线电压是380V,相电压是220V。
　　　　　　　　　　　　　　　　　　　　　　　　　　　　　　　　（　　）

12. 在三相四线制供电线路中,可获得两种电压,它们分别是电源电压和负载电压。
　　　　　　　　　　　　　　　　　　　　　　　　　　　　　　　　（　　）

二、选择题

1. 下列各组电压是三相对称电压的是(　　　)。

A. $u_U=380\sin(314t-30°)$ V, $u_V=380\sqrt{2}\sin(314t-150°)$ V, $u_W=380\sqrt{2}\sin(314t+90°)$ V

B. $u_U = 220\sin(314t + 60°)\text{V}, u_V = 220\sqrt{2}\sin(314t - 120°)\text{V}, u_W = 220\sqrt{2}\sin(314t + 120°)\text{V}$

C. $u_U = 330\sin(100\pi t)\text{V}, u_V = 310\sqrt{2}\sin(100\pi t - 120°)\text{V}, u_W = 310\sqrt{2}\sin(100t + 120°)\text{V}$

D. $u_U = 933\sin(100\pi t + 150°)\text{V}, u_V = 933\sqrt{2}\sin(100\pi t - 90°)\text{V}, u_W = 933\sqrt{2}\sin(100t + 30°)\text{V}$

2. 一台三相发电机,其绕组为星形连接,每相额定电压为220V。在一次实训时,用电压表测得相电压 $U_U = U_V = U_W = 220\text{V}$,而线电压则为 $U_{UV} = U_{WU} = 220\text{V}, U_{VW} = 380\text{V}$,造成这种现象的原因是(　　)。

　　A. U 相绕组短路　　　　　　　　B. V 相绕组接反

　　C. U 相绕组接反　　　　　　　　D. W 相绕组断路

3. 一台三相发电机,其绕组为星形连接,每相额定电压为220V。在一次实训时,用电压表测得相电压 $U_U = 0, U_V = U_W = 220\text{V}$,而线电压则为 $U_{UV} = U_{WU} = 220\text{V}, U_{VW} = 380\text{V}$,造成这种现象的原因是(　　)。

　　A. V 相短路　　　　B. U 相短路　　　　C. W 相断路　　　　D. U 相接反

任务5.2　三相负载的接法

一、判断题

1. 在三相四线制供电线路中,任何一相负载的变化,都不会影响其他两相。　　　(　　)

2. 三相负载作星形连接时,一定要有中性线。　　　　　　　　　　　　　　　(　　)

3. 三相四线制中,中性线的作用是强制性地使负载对称。　　　　　　　　　　(　　)

4. 负载作星形连接时,无论负载对称与否,线电流一定等于相电流。　　　　　(　　)

5. 已知三相对称负载作三线制星形连接时线电压为380V,若有一相断开,则其他两相承受220V电压,仍能正常工作。　　　　　　　　　　　　　　　　　　　(　　)

6. 额定电压为220V的白炽灯如误接于380V的电源上,则因过电压,灯丝很快会烧断。　　　　　　　　　　　　　　　　　　　　　　　　　　　　　　　　(　　)

7. 三相四线制供电系统中,中性线上的电流是三相电流之和,因此中性线应该选用比相线更粗的导线。　　　　　　　　　　　　　　　　　　　　　　　　　　(　　)

8. 三相负载作星形连接时,电源线电压是负载相电压的 $\sqrt{2}$ 倍。　　　　　　(　　)

9. 三相四线制供电线路的中性线上不准安装开关和熔断器的原因是中性线上没有电流,熔体烧不断。　　　　　　　　　　　　　　　　　　　　　　　　　　　(　　)

10. 当三相负载作星形连接时,负载越对称,中性线电流越小。　　　　　　　　(　　)

11. 三相对称负载作三角形连接时,线电流超前相电流30°。　　　　　　　　　(　　)

12. 在相同电源电压下,同一对称三相负载作三角形连接时的线电流是作星形连接时的 $\sqrt{3}$ 倍。　　　　　　　　　　　　　　　　　　　　　　　　　　　　　　(　　)

13. 把应作星形连接的电动机,误接成三角形连接,电动机不会被烧坏。 （ ）

14. 三相电路中各相电功率的计算与单相电路相同。 （ ）

15. 三相总有功功率等于各相有功功率之和,三相总无功功率等于各相无功功率之和,三相总视在功率等于各相视在功率之和。 （ ）

16. 三相对称负载作星形连接或三角形连接时,其总有功功率的表达式均为 $\sqrt{3}U_L I_L \cos\varphi$。 （ ）

17. 三相交流电路中,负载消耗的功率与连接方式有关。 （ ）

18. 当三相电源的线电压一定时,同一组对称负载三角形连接消耗的功率为星形连接的 3 倍。 （ ）

19. 三相交流电路中,同一组对称负载接到同一电源时,因计算功率的公式相同,所以作星形连接和三角形连接所消耗的功率相等。 （ ）

二、选择题

1. 三相四线制照明电路中,忽然有两相电灯变暗,一相变亮,出现故障的原因是（ ）。

    A. 电路电压突然降低   B. 有一相短路

    C. 不对称负载,中性线突然断开   D. 有一相断路

2. 电路如图 5-1 所示,已知三相负载对称,电流表 A_1 的读数为 18A,则电流表 A_2 的读数为（ ）A。

    A. $18\sqrt{2}$ B. $5\sqrt{2}$ C. $18\sqrt{3}$ D. $6\sqrt{3}$

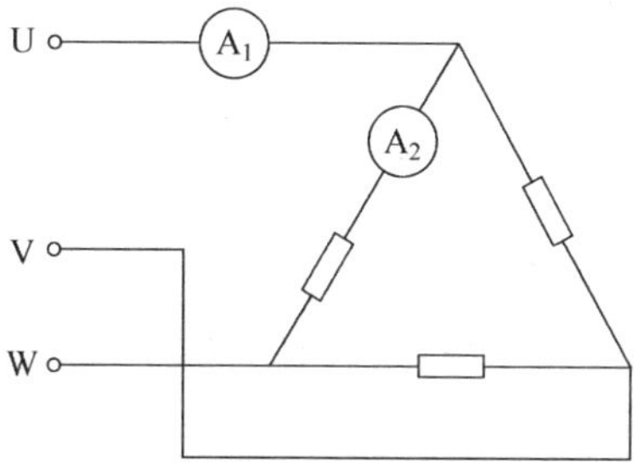

图 5-1

3. 电路如图 5-2 所示,已知三相负载对称,电压表 V_2 的读数为 660V,则电压表 V_1 的读数为（ ）V。

    A. $110\sqrt{2}$ B. $220\sqrt{3}$ C. $660\sqrt{2}$ D. $660\sqrt{3}$

4. 电路如图 5-3 所示,采用三相四线制供电,已知线电压为 380V,三只白炽灯额定功率相同,额定电压均为 220V,开关 S 闭合或断开时,对 V、W 两相产生的影响是（ ）。

    A. V、W 灯因过亮而烧毁   B. V、W 灯变暗

    C. V、W 灯立即熄灭   D. V、W 灯仍能正常发光

5. 如图 5-3 所示电路中如果不接中性线,则开关 S 断开时出现的情况是（ ）。

    A. V、W 灯因过亮烧毁   B. V、W 灯变暗

    C. V、W 灯立即熄灭   D. V、W 灯仍能正常发光

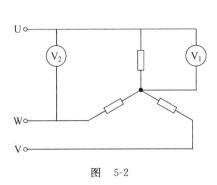

图 5-2

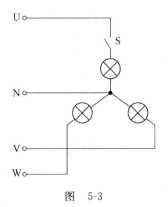

图 5-3

6. 对称三相四线制供电电路,若一相熔断器熔断,则该熔断器两端的电压为( )。

    A. 线电压   B. 相电压

    C. 相电压+线电压   D. 线电压的一半

7. 三相额定电压为 220V 的电热丝,接到线电压为 380V 的三相电源上,最佳接法是( )。

    A. 三角形连接

    B. 星形连接无中性线

    C. 星形连接有中性线

8. 三相负载不对称时应采用的供电方式为( )。

    A. 三角形连接

    B. 星形连接并加装中性线

    C. 星形连接

    D. 星形连接并在中性线上加装熔断器

9. 三相不对称负载接到三相电源,其总有功功率、总无功功率和总视在功率分别为 P、Q、S,则下列关系式正确的是( )。

    A. $S = S_U + S_V + S_W$ B. $Q = 3U_P I_P$

    C. $P = \sqrt{3} U_P I_P \cos\varphi$ D. $S = \sqrt{P^2 + Q^2}$

10. 在相同的线电压作用下,同一台三相异步电动机作三角形连接所取用的功率是作星形连接所取用功率的( )倍。

    A. $\sqrt{3}$ B. 1/3   C. 3   D. $1/\sqrt{3}$

11. 三相电动机(为对称负载)接于 380V 线电压上运行,测得线电流为 14.9A,功率因数为 0.866,则电动机的功率为( )kW。

    A. 8.5   B. 17   C. 25.5   D. 14.7

第2单元 电工技术

项目

用电技术及常用电器

任务 6.1 电力供电与节约用电

一、判断题

1. 电能生产的三种主要形式中,发电成本低且不存在环境污染问题的生产形式是核能发电。 （　　）

2. 太阳能、风力、地热发电受时域和地域等限制,将是逐渐被淘汰的电能生产方式。
（　　）

二、选择题

1. 以下电能生产的三种形式中,对环境没有污染的生产形式是（　　）。
　　A. 火力发电　　　　　B. 水力发电　　　　　C. 核能发电

2. 以下电能生产的三种形式中,投资成本最高的生产形式是（　　）。
　　A. 火力发电　　　　　B. 水力发电　　　　　C. 核能发电

3. 以下电能生产的三种形式中,发电成本最高的生产形式是（　　）。
　　A. 火力发电　　　　　B. 水力发电　　　　　C. 核能发电

4. 在发电厂或大型变电站之间的输电网中,电能的输送采用（　　）。
　　A. 高压输送　　　　　B. 低压输送　　　　　C. 两种方式均可

5. 节约用电的有效途径是（　　）。（选两个答案）
　　A. 用高效率电气设备取代低效率电气设备
　　B. 尽量使中、小型变压器空载或轻载运行
　　C. 加装无功补偿装置,提高功率因数
　　D. 使用较大容量的电动机拖动负载

任务 6.2　用电保护

一、判断题

1. 三类负荷的用电级别最低,因此允许长时间停电或不供电。　　　　　　（　　）

2. 电击伤害的严重程度只与人体通过的电流大小有关,而与频率、时间无关。

（　　）

3. 只要电源中性点接地,人体触及带电设备的某一相也不会造成触电事故　　（　　）

4. 当电线或电气设备发生接地事故时,距离接地点越远的地面各点电位越高,电位差越大,跨步电压就越大。　　　　　　　　　　　　　　　　　　　（　　）

5. 身材高大的人比身材矮小的人更容易发生跨步电压触电。　　　　　（　　）

6. 220V的工频交流电和220V的直流电给人体带来的触电危险性相同。　（　　）

7. 安全用电规程规定,严禁一般人员带电操作,但接触50V左右的带电体问题不大。

（　　）

8. 接地体埋入地下,其接地电阻不超过人体电阻便可。　　　　　　　（　　）

9. 接地电阻越小,人体触及带电设备时,通过人体的触电电流就越小,保护作用越好。　　　　　　　　　　　　　　　　　　　　　　　　　　　　　　（　　）

10. 在电源中性点不接地的低压供电系统中,电气设备均采用接地保护。　（　　）

11. 为了防止电源中性线断开,实际应用中,用户端常将电源中性线再重复接地。

（　　）

12. 同一低压配电网中,设备可以根据具体需要选择保护接地措施或保护接零措施。

（　　）

13. 只要人体未与带电体相接触,就不可能发生触电事故。　　　　　（　　）

14. 用电设备与电源断开后进行操作是绝对安全可靠的,不会有触电事故发生。

（　　）

15. 电气火灾一旦发生,应立即用水扑救。　　　　　　　　　　　　（　　）

16. 线路过载不会发生火灾,因为火灾是温度过高引起的。　　　　　（　　）

17. 提高电气安装和维修水平,可以减少火灾发生。　　　　　　　　（　　）

二、选择题

1. 人体行走时,离高压接地点越近,跨步电压（　　　）。
   A. 越低　　　　　　　　B. 越高　　　　　　　　C. 没有区别

2. 在潮湿的工程点,只允许使用（　　　）进行照明。
   A. 12V的手提灯　　　B. 36V的手提灯　　　C. 220V电压

3. 一旦发生触电事故,不应该（　　　）。
   A. 直接接触触电者　　　　　　　　　　B. 切断电源
   C. 用绝缘物使触电者脱离电源

4. 保护接地只应用于（　　）。

    A. 电源中性点接地的供电系统中　　　　B. 电源中性点不接地的供电系统中

    C. 两者皆可

5. 接地保护措施中，接地电阻越小，人体触及漏电设备时流经人体的电流（　　）。

    A. 越大　　　　　　　B. 越小　　　　　　　C. 没有区别

6. 电源中性点接地的供电系统中，常采用的防护措施是（　　）。

    A. 接地保护　　　　　B. 接零保护　　　　　C. 两者皆可

7. 电动机着火时，应使用（　　）灭火。（选两个答案）

    A. 二氧化碳灭火器　　　　　　　　　　B. 泡沫灭火器

    C. 干粉灭火器　　　　　　　　　　　　D. 四氯化碳灭火器

8. 电气设备发生火灾原因很多，以下不会引发火灾的是（　　）。

    A. 设备长期过载

    B. 严格按照额定值规定条件使用产品

    C. 线路绝缘老化

    D. 线路漏电

9. 电气火灾一旦发生，应（　　）。

    A. 切断电源，进行扑救　　　　　　　　B. 迅速离开现场

    C. 就近寻找水源进行扑救

任务 6.3　安装照明灯具

一、判断题

1. 荧光灯和白炽灯都是热辐射放电光源。　　　　　　　　　　　　（　　）

2. 照明用白炽灯灯丝断后，可以重新搭接使用，但是灯泡的亮度较原来暗一点。（　　）

二、选择题

1. 白炽灯灯头结构有（　　）。（选两个答案）

    A. 插口式　　　　　　B. 螺口式　　　　　　C. 支架安装式

2. 三基色节能荧光灯比普通荧光灯的发光效率高（　　）。

    A. 30%　　　　　　　B. 5%　　　　　　　　C. 78%

任务 6.4　认识变压器

一、判断题

1. 变压器的一次电流大小由电源电压决定，二次电流大小由负载决定。　　（　　）

2. 变压器的二次电流是从一次绕组传递过来的，所以 I_1 决定了 I_2 的大小。　（　　）

3. 变压器输出电压，随负载大小的改变而变化越小越好。　　　　　（　　）

4. 同一台变压器中，匝数少、线径粗的是高压绕组，多而细的是低压绕组。（　　）

5. 作为升压用的变压器，其变压比 $k>1$。　　　　　　　　　　　（　　）

6. 变压器一次、二次电压与匝数成正比，而电流与匝数成反比。　　　（　　）

7. 利用变压器只能改变电压，而不能改变电流。　　　　　　　　　（　　）

8. 变压器只能传输交流电能，而不能产生电能。　　　　　　　　　（　　）

9. 三相电力变压器二次绕组输出电压是不对称的。　　　　　　　　（　　）

10. 三相电力变压器工作时必须同时带三个相同的负载，否则不能正常工作。

（　　）

11. 三相电力变压器二次绕组可接成三相三线制三角形连接，也可接成三相四线制星形连接。　　　　　　　　　　　　　　　　　　　　　　（　　）

12. 从原理上讲，自耦变压器也可以制成三相结构。　　　　　　　　（　　）

13. 电压互感器实质是降压变压器，即 $N_2>N_2$。　　　　　　　　（　　）

14. 电压互感器工作时相当于变压器短路状态。　　　　　　　　　　（　　）

15. 电流互感器工作时相当于变压器空载状态。　　　　　　　　　　（　　）

16. 通常规定电压互感器二次绕组的额定电压设计成标准值 100V。　（　　）

17. 通常规定电流互感器二次绕组的额定电流设计成标准值 5A。　　（　　）

18. 便携式钳形电流表是利用电压互感器原理制作的。　　　　　　　（　　）

19. 便携式钳形电流表是一次绕组为 1 匝的电流互感器。　　　　　　（　　）

二、选择题

1. 单相变压器的变比为 k，若一次绕组接入直流电压 U_1，则二次电压为（　　）。

　　A. U_1/k　　　　　　B. 0　　　　　　C. kU_1　　　　　　D. ∞

2. 电力变压器二次绕组额定电压应比输出线路上的额定电压高 5%～10%，是因为考虑到（　　）。

　　A. 有内阻抗压降　　　　　　　　B. 负载需要

　　C. 电压不稳定

3. 负载减小时，变压器的一次电流将（　　）。

　　A. 增大　　　　　　　　　　　B. 不变

　　C. 减小　　　　　　　　　　　D. 无法判断

4. 变压器中起传递电能作用的是（　　）。

　　A. 主磁通　　　　B. 漏磁通　　　　C. 电流　　　　D. 电压

5. 变压器一次、二次绕组中不能改变的物理量是（　　）。

　　A. 电压　　　　B. 电流　　　　C. 绕组　　　　D. 频率

6. 变压器的变比 k 严格地说是（　　）。

　　A. U_2/U_1　　　　B. E_1/E_2　　　　C. U_1/U_2　　　　D. I_1/I_2

7. 油浸式三相变压器绕组放在油箱中的原因是（　　）。

　　A. 散热　　　　B. 防爆　　　　C. 绝缘　　　　D. 润滑

8. 若要将自耦变压器连接成升压变压器,正确的接线图为(　　　)。

A. B. C.

9. 一次、二次绕组中有电连接的变压器是(　　　)

    A. 双绕组变压器　　　　　　　　　B. 三相变压器

    C. 自耦变压器　　　　　　　　　　D. 互感器

10. 电流互感器运行时,接近(　　　)。

    A. 空载状态,二次绕组不准开路　　B. 空载状态,二次绕组不准短路

    C. 短路状态,二次绕组不准短路　　D. 短路状态,二次绕组不准开路

11. 电压互感器运行时,接近(　　　)。

    A. 空载状态,二次绕组不准开路　　B. 空载状态,二次绕组不准短路

    C. 短路状态,二次绕组不准短路　　D. 短路状态,二次绕组不准开路

12. 在原理上不属于变压器的是(　　　)。

    A. 自耦变压器　　　　　　　　　　B. 电焊机

    C. 滑动变阻器　　　　　　　　　　D. 仪用互感器

13. 电焊变压器工作时,满足焊接要求的条件是(　　　)。(选两个答案)

    A. 空载电压为 $60\sim80\text{V}$　　　　　B. 空载电压为 $25\sim30\text{V}$

    C. 维持电弧电压为 $25\sim30\text{V}$　　　D. 维持电弧电压为 $60\sim80\text{V}$

任务6.5　认识交流电动机

一、判断题

1. 异步电动机定子及转子铁心使用硅钢片叠成的主要目的是为了减轻电动机的重量。　　　　　　　　　　　　　　　　　　　　　　　　　　　　　　(　　)

2. 具有良好导磁性的材料,经过适当的工艺都可以作为异步电动机的定子铁心。

                                                   (　　)

3. 旋转磁场转向的变化会直接影响交流异步电动机的转子旋转方向。　(　　)

4. 三相对称绕组是指结构相同、空间位置互差 $120°$ 的三相绕组。　(　　)

5. 三相异步电动机定子与转子绕组之间不仅处于同一磁路,而且两绕组之间有电的联系。　　　　　　　　　　　　　　　　　　　　　　　　　　　　　　　(　　)

6. 三相对称绕组是指结构相同、空间位置完全相同的三相绕组。　(　　)

7. 旋转磁场的转速与交流电最大值的大小成正比。　　　　　　　(　　)

8. 旋转磁场的转速与交流电的频率无关。 （　　）

9. 当交流电频率一定时,异步电动机的磁极对数越多,旋转磁场转速就越低。

（　　）

10. 三相异步电动机定子与转子之间没有电的联系,但处于同一磁路中。 （　　）

11. 三相笼型异步电动机的转子绕组无论是铸铝转子或铜条转子,其转子绕组与铁心之间不需绝缘。 （　　）

12. 绕线式异步电动机与笼型异步电动机的定子绕组都是由与铁心绝缘的三相对称绕组构成。 （　　）

13. 绕线式异步电动机与笼型异步电动机的最大区别是其转子绕组也是由三相对称绕组构成。 （　　）

14. 在交流电动机的三相绕组中,通以三个相同的电流,可以形成旋转磁场。（　　）

15. 异步电动机最大电磁转矩是发生在转子转速等于同步转速时。 （　　）

16. 三相异步电动机由于某种原因使转子转速与同步转速相等,则电磁转矩就会随之加大。 （　　）

17. 三相异步电动机"异步"两字的含义是指电动机的转向与交流电源相序的变化方向相反。 （　　）

18. 如果把三相异步电动机定子与转子的结构互相对调,从工作原理上讲,电动机也有电磁转矩产生。 （　　）

19. 三相异步电动机定子磁极数越多,则转速越高,反之则越低。 （　　）

20. 三相异步电动机的转速,与极数和频率均有关,与转差率没有关系,而定子旋转磁场的转速却与转差率有关。 （　　）

二、选择题

1. 关于三相笼型异步电动机旋转磁场的同步转速,下列说法正确的是(　　　)。（选两个答案）

    A. 同步转速与电源频率成正比   B. 同步转速与电源频率成反比

    C. 同步转速与磁极对数成正比   D. 同步转速与磁极对数成反比

2. 所有三相笼型异步电动机从结构上看其特点是(　　　)。

    A. 它们的转子导体必须由铸铝构成

    B. 它们的定子内安装有三相对称绕组

    C. 定子绕组本身不闭合,由铜环和电刷将其闭合

    D. 转子绕组本身不闭合,由铜环和电刷将其闭合

3. 三相笼型异步电动机旋转磁场的转向决定于三相电源的(　　　)。

    A. 相位   B. 频率   C. 相序   D. 幅值

4. 绕线式三相异步电动机转子绕组的特点是(　　　)。

    A. 转子绕组是由铸铝构成的

    B. 转子绕组是笼型自封闭的

    C. 转子绕组是导体绕制,由滑环构成封闭的回路

    D. 转子绕组由导体绕制,其结构不构成回路

5. 三相异步电动机定子空间磁场的旋转方向是由三相电源的(　　)决定的。

　　A. 相位　　　　　　　B. 相序　　　　　　　C. 频率　　　　　　　D. 电压值

6. 常用的三相异步电动机在额定工作状态下的转差率 s 为(　　)。

　　A. 0.2～0.6　　　　B. 0.02～0.06　　　C. 1.0～1.5　　　　D. 0.5～1.0

7. 三相异步电动机定子铁心采用的材料应为(　　)。

　　A. 剩磁大的磁性材料　　　　　　　　B. 钢板或铁板

　　C. 铅或铝等导电材料　　　　　　　　D. 硅钢片

8. 对于旋转磁场的同步转速,下列说法正确的是(　　)。

　　A. 与电网电压频率成正比　　　　　　B. 与转子转速相同

　　C. 与转子电流频率相同　　　　　　　D. 与转差率相同

9. 确定三相异步电动机转向的条件是(　　)。

　　A. 三相交流电的初相和有效值　　　　B. 三相绕组的连接方式

　　C. 旋转磁场的转向　　　　　　　　　D. 转差率 s 的大小

10. 转差率 s 是反映异步电动机"异步"程度的参数,当某台电动机在工作状态下时(　　)。

　　A. 转差率 $s=1$　　　　　　　　　B. 转差率 $s>1$

　　C. 转差率 $s<0$　　　　　　　　　D. 转差率 $0<s<1$

11. 一台三相异步电动机带恒定负载运行,将负载去掉后,电动机稳定运行的转速将(　　)。

　　A. 等于同步转速　　　　　　　　　　B. 大于同步转速

　　C. 小于同步转速

12. 根据三相笼型异步电动机机械特性可知,电磁转矩达到最大值是在(　　)。

　　A. 启动瞬间　　　　　　　　　　　　B. 启动后某时刻

　　C. 达到额定转速时　　　　　　　　　D. 停车瞬间

任务6.6　认识常用低压电器

一、判断题

1. 低压电器的作用是对电动机(或用电设备)实行控制。　　　　　　　　　(　　)

2. 低压电器按其在电路中的作用可分为控制电器和保护电器。　　　　　　(　　)

3. 凡工作在交流电压220V 以上电路中的电器都属于高压电器。　　　　　(　　)

4. 按钮、闸刀开关、自动开关都属于低压电器。　　　　　　　　　　　　　(　　)

5. 熔断器只用于过载保护。　　　　　　　　　　　　　　　　　　　　　　(　　)

6. 铁壳开关的速断装置的主要作用是为了便于操作,而没有其他作用。　　(　　)

7. 铁壳开关的速断装置有利于夹座与闸刀之间的电弧熄灭。　　　　　　　(　　)

8. 闸刀开关属于低压电器,因此合闸、拉闸时,操作应缓慢。　　　　　　　(　　)

9. 闸刀开关的灭弧性能较差,合闸、拉闸时,操作应迅速、果断。　　　　　(　　)

10. 闸刀开关拉闸前,应尽量使电动机处于空载。　　　　　　　　　　　（　　）

11. 由于热继电器的触点不可能立即动作,故不能用作电路的短路保护。　（　　）

12. 在三相异步电动机控制电路中,热继电器用作短路保护。　　　　　　（　　）

13. 热继电器中热元件串接在主电路中,其辅助触点串接在控制电路中。　（　　）

14. 热继电器的热元件应并联在控制电路两端。　　　　　　　　　　　　（　　）

15. 热继电器是利用电流的热效应原理工作的。　　　　　　　　　　　　（　　）

16. 在三相异步电动机的直接启动电路中,如果有热继电器作过载保护,就可以不需要熔断器来保护电动机。　　　　　　　　　　　　　　　　　　　　　　　　（　　）

17. 接触器铁心的极面上有短路环,其主要作用是减少铁心中的涡流损耗。　（　　）

18. 交流接触器中的线圈通电后,动合触点闭合,动断触点断开。　　　　（　　）

19. 在三相异步电动机的控制电路中,当电动机通过的电流为正常值时热继电器不工作。　　　　　　　　　　　　　　　　　　　　　　　　　　　　　　　　　（　　）

20. 在三相异步电动机的控制电路中,当电动机通过的电流长时间大于热继电器的整定值时热继电器工作。　　　　　　　　　　　　　　　　　　　　　　　　　（　　）

二、选择题

1. 下列电器中,属于保护类电器的是（　　）。（选两个答案）

　　A. 热继电器　　　　　B. 按钮　　　　　　　C. 熔断器　　　　　　D. 行程开关

2. 熔断器熔体的选用,可由电路中的工作情况来确定,下列选法正确的是（　　）。

　　A. 在照明电路中,熔体的额定电流应小于负载的额定电流

　　B. 在照明电路中,熔体的额定电流应等于或稍大于负载的额定电流

　　C. 异步电动机直接启动电路中,因为启动电流是额定电流的 4～7 倍,因此,熔体的额定电流可取为电动机的额定电流的 4～7 倍

　　D. 异步电动机直接启动电路中,熔体的额定电流应等于电动机的额定电流

3. 封闭式负荷开关（铁壳开关）的结构特点是（　　）。（选两个答案）

　　A. 刀开关在铁壳内,熔断器在铁壳外　　　B. 接通电路后,铁盖无法打开

　　C. 接通电路时,铁盖能打开　　　　　　　D. 壳内有速断弹簧及互锁装置

4. 下列电器中,属于主令电器的是（　　）。（选两个答案）

　　A. 行程开关　　　　B. 接触器　　　　　C. 热继电器　　　　　D. 按钮

5. 自动空气断路器除具有接通与分断电路的功能外,其他的特点是（　　）。（选三个答案）

　　A. 有过载保护　　　　　　　　　　　　B. 有欠压保护

　　C. 有失压保护　　　　　　　　　　　　D. 没有短路保护

6. 在照明线路中,选用自动空气断路器的注意事项是（　　）。

　　A. 自动空气断路器的额定电流稍大于电路的正常工作电流

　　B. 自动空气断路器的额定电流应小于电路的正常工作电流

　　C. 自动空气断路器的额定电流是电路工作电流的 4～7 倍

　　D. 自动空气断路器的额定电流是电路工作电流的 3 倍

项目 7

三相异步电动机控制电路

任务 7.1　三相异步电动机

一、判断题

1. 电动机是根据电磁感应原理,把机械能转换成电能,输出电能的原动机。　（　　）
2. 交流电动机按其作用原理又分为同步电动机和异步电动机。　（　　）
3. 同步电动机所输入的交流电频率与转速之比为恒定值。　（　　）
4. 三相异步电动机定子的作用是产生旋转磁场。　（　　）
5. 三相异步电动机铭牌上标注的电压值是指电动机在额定运行时定子绕组上应加的相电压。　（　　）
6. 三相异步电动机铭牌上标注的功率值是指电动机在额定运行时轴上输入的机械功率值。　（　　）
7. 异步电动机的转子电流是由定子旋转磁场感应产生的。　（　　）
8. 运行中的三相异步电动机缺相时,运行时间过长就有烧毁电动机的可能。　（　　）
9. 三相异步电动机的转子旋转方向与定子旋转磁场的旋转方向相同。　（　　）
10. 改变电源的频率可以改变电动机的转速。　（　　）

二、选择题

1. 三相对称电流加在三相异步电动机的定子端,将会产生（　　）。
   - A. 静止磁场
   - B. 脉动磁场
   - C. 旋转圆形磁场
   - D. 旋转椭圆形磁场
2. 异步电动机空载时的功率因数与满载时比较,前者比后者（　　）。
   - A. 高
   - B. 低
   - C. 都等于 1
   - D. 都等于 0

任务 7.2 三相异步电动机的控制

一、判断题

1. 想改变三相异步电动机的旋转方向,只要改变进入定子绕组三相电流的相序即可。　　　　　　　　　　　　　　　　　　　　　　　　　　（　　）

2. 根据被转换电能的性质不同,电动机分为交流电动机和直流电动机两大类。

（　　）

3. 异步电动机的频率与转速之比是恒定值。　　　　　　　　　　　（　　）

4. 异步电动机的转子铁心由薄硅钢片叠成,是磁路的一部分,也用来安放转子绕组。

（　　）

5. 铭牌上所标的功率值是指电动机在额定运行时轴上输出的机械功率值。（　　）

6. 电动机的极限温度是指电动机绝缘结构中最热点的最高容许温度。（　　）

7. 绝缘等级是按电动机绕组所用的绝缘材料在使用时容许的极限温度来分级的。

（　　）

8. 电动机铭牌上的 IP 是防护等级标志符号,数字分别表示电动机防固体和防水能力。　　　　　　　　　　　　　　　　　　　　　　　　　　（　　）

二、选择题

1. 三相异步电动机的旋转方向与(　　)有关。
   A. 三相交流电源的频率大小　　　　　　B. 三相电源的频率大小
   C. 三相电源的相序　　　　　　　　　　D. 三相电源的电压大小

2. 三相异步电动机轻载运行时,三根电源线突然断了一根,这时会出现(　　)现象。
   A. 能耗制动,直至停转
   B. 反接制动后,反向转动
   C. 由于机械摩擦存在,电动机缓慢停车
   D. 电动机继续运转,但电流增大,电动机发热

3. 三相异步电动机起动的时间较长,加载后转速明显下降,电流明显增加。可能的原因是(　　)。
   A. 电源缺相　　　　　　　　　　　　　B. 电源电压过低
   C. 某相绕组断路　　　　　　　　　　　D. 电源频率过高

4. 三相异步电动机在额定的负载转矩下工作,如果电源电压降低,则电动机会(　　)。
   A. 过载　　　　　　　　　　　　　　　B. 欠载
   C. 满载　　　　　　　　　　　　　　　D. 工作情况不变

第 3 单元　模拟电子技术

项目

常用半导体器件性能与测试

任务 8.1 二极管的性能与测试

一、判断题

1. 漂移运动是少数载流子运动而形成的。（　　）
2. PN 结正向电流的大小由温度决定。（　　）
3. PN 结内的扩散电流是在载流子的电场力作用下形成的。（　　）
4. 因为 N 型半导体的多子是自由电子，所以它带负电。（　　）
5. PN 结在无光照、无外加电压时，结电流为零。（　　）
6. 处于放大状态的晶体管，集电极电流是多子漂移运动形成的。（　　）
7. 在外电场作用下，半导体中同时出现电子电流和空穴电流。（　　）
8. P 型半导体中，多数载流子是电子，少数载流子是空穴。（　　）
9. 晶体二极管有一个 PN 结，所以有单向导电性。（　　）
10. 晶体二极管的正向特性也有稳压作用。（　　）
11. 硅稳压管的动态电阻越小，则稳压管的稳压性能越好。（　　）
12. 将 P 型半导体和 N 型半导体用一定的工艺制作在一起，其交界处形成 PN 结。
（　　）
13. 稳压二极管按材料分有硅管和锗管。（　　）
14. 用万用表欧姆挡的不同量程去测二极管的正向电阻，其数值是相同的。（　　）
15. 二极管的反向电阻越大，其单向导电性能越好。（　　）
16. 用 500 型万用表测试发光二极管，应选 $R \times 10k$ 挡。（　　）

二、选择题

1. 在本征半导体中掺入微量的（　　）价元素，形成 N 型半导体。

  A. 二   B. 三   C. 四   D. 五

2. 在 P 型半导体中,自由电子浓度(　　)空穴浓度。

  A. 大于   B. 等于   C. 小于   D. 无法确定

3. 本征半导体温度升高以后,(　　)。

  A. 自由电子增多,空穴数基本不变

  B. 空穴数增多,自由电子数基本不变

  C. 自由电子数和空穴数都增多,且数目相同

  D. 自由电子数和空穴数都不变

4. 空间电荷区是由(　　)构成的。

  A. 电子   B. 空穴   C. 离子   D. 分子

5. PN 结加正向电压时,空间电荷区将(　　)。

  A. 变窄   B. 基本不变   C. 变宽   D. 无法确定

6. 稳压管的稳压区是其工作在(　　)。

  A. 正向导通   B. 反向截止   C. 反向击穿   D. 都有可能

7. 当温度升高时,二极管的反向饱和电流将(　　)。

  A. 增大   B. 不变   C. 减小   D. 都有可能

8. 当环境温度升高时,晶体二极管的反向电流将(　　)。

  A. 增大   B. 减小   C. 不变   D. 无法确定

9. 测量小功率晶体二极管性能好坏时,应把万用表欧姆挡拨到(　　)。

  A. $R \times 100$ 或 $R \times 1k$ B. $R \times 1$

  C. $R \times 10k$ D. $R \times 100$

10. 半导体中的空穴和自由电子数目相等,这样的半导体称为(　　)。

  A. P 型半导体   B. 本征半导体   C. N 型半导体   D. 无法确定

11. 稳压管的稳压性能是利用(　　)实现的。

  A. PN 结的单向导电性   B. PN 结的反向击穿特性

  C. PN 结的正向导通特性   D. 本征半导体

12. 二极管的正向电阻(　　)反向电阻。

  A. 大于   B. 小于   C. 等于   D. 不确定

13. 某二极管反向击穿电压为 140V,则它的最高反向工作电压为(　　)V。

  A. 280   B. 140   C. 70   D. 40

14. 考虑二极管正向压降为 0.7V 时,输出电压 U_o 为(　　)V。

  A. -14.3 B. -0.7 C. -12 D. -15

15. P 型半导体中多数载流子是(　　)。

  A. 正离子   B. 负离子   C. 自由电子   D. 空穴

16. N 型半导体中多数载流子是(　　)。

  A. 正离子   B. 负离子   C. 自由电子   D. 空穴

17. 用万用表 $R \times 10$ 和 $R \times 1k$ 挡分别测量二极管的正向电阻,测量结果是(　　)。

  A. 相同   B. $R \times 10$ 挡的测试值较小

C. $R×1k$ 挡的测试值较小 　　　　　 D. $R×1$ 挡的测试值较小

18. 用万用表不同欧姆挡测量二极管的正向电阻值时,测得的阻值不相同,其原因是( )。

A. 二极管的质量差 　　　　　　　 B. 万用表不同欧姆挡有不同的内阻

C. 二极管有非线性的伏安特性 　　　 D. 无法确定

任务8.2　三极管的性能与测试

一、判断题

1. 三极管两个 PN 结均反偏,说明三极管工作于饱和状态。　　　　　　　( )

2. 三极管集射电压为 0.1～0.3V,说明三极管工作于放大状态。　　　　　( )

3. 三极管集射电压约为电源电压,说明三极管工作于截止状态。　　　　　( )

4. 三极管处于放大状态时,发射结和集电结均正偏。　　　　　　　　　 ( )

5. 两个二极管反向连接起来可作为三极管使用。　　　　　　　　　　　( )

6. 一般情况下,三极管的电流放大系数随温度的增加而减小。　　　　　 ( )

7. 三极管的发射结处于正偏时,三极管导通。　　　　　　　　　　　　( )

二、选择题

1. 下列数据中,对 NPN 型三极管属于放大状态的是( )。

A. $V_{BE}>0,V_{BE}<V_{CE}$ 　　　　　　　　B. $V_{BE}<0,V_{BE}<V_{CE}$

C. $V_{BE}>0,V_{BE}>V_{CE}$ 　　　　　　　　D. $V_{BE}<0,V_{BE}>V_{CE}$

2. 工作在放大区域的某三极管,当 I_B 从 $20\mu A$ 增大到 $40\mu A$ 时,I_C 从 1mA 变为 2mA,则它的 β 值约为( )。

A. 10 　　　　　 B. 50 　　　　　 C. 80 　　　　　 D. 100

3. NPN 型和 PNP 型晶体管的区别是( )。

A. 由两种不同的材料硅和锗制成的 　 B. 掺入的杂质元素不同

C. P 区和 N 区的位置不同 　　　　　 D. 管脚排列方式不同

4. 当晶体三极管的发射结和集电结都反偏时,则晶体三极管的集电极电流将( )。

A. 增大 　　　　　 B. 减少 　　　　　 C. 反向 　　　　　 D. 几乎为零

5. 为了使三极管可靠地截止,电路必须满足( )。

A. 发射结正偏,集电结反偏 　　　　　 B. 发射结反偏,集电结正偏

C. 发射结和集电结都正偏 　　　　　 D. 发射结和集电结都反偏

6. 检查放大电路中的晶体管在静态的工作状态(工作区),最简便的方法是测量( )。

A. I_{BQ} 　　　　　 B. U_{BE} 　　　　　 C. I_{CQ} 　　　　　 D. U_{CEQ}

7. 对放大电路中的三极管进行测量,各极对地电压分别为 $U_B=2.7V,U_E=2V$, $U_C=6V$,则该管工作在( )。

A. 放大区 　　　　　 B. 饱和区 　　　　　 C. 截止区 　　　　　 D. 无法确定

8. 某单管共射放大电路在处于放大状态时,三个电极 A、B、C 对地的电压分别是 $U_A=2.3V$,$U_B=3V$,$U_C=0$,则此三极管一定是(　　　)。

  A. PNP 硅管   B. NPN 硅管

  C. PNP 锗管   D. NPN 锗管

9. 三极管电路如图 8-1 所示,该管工作在(　　　)。

  A. 放大区   B. 饱和区   C. 截止区   D. 无法确定

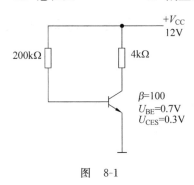

图　8-1

10. 测得三极管 $I_B=30\mu A$ 时,$I_C=2.4mA$;$I_B=40\mu A$ 时,$I_C=1mA$,则该管的交流电流放大系数为(　　　)。

  A. 80   B. 60   C. 75   D. 100

11. 用直流电压表测得放大电路中某晶体管电极 1、2、3 的电压各为 $U_1=2V$,$U_2=6V$,$U_3=2.7V$,则(　　　)。

  A. 1 为 e 极,2 为 b 极,3 为 c 极   B. 1 为 e 极,3 为 b 极,2 为 c 极

  C. 2 为 e 极,1 为 b 极,3 为 c 极   D. 3 为 e 极,1 为 b 极,2 为 c 极

12. 已知放大电路中某晶体管三个极的电位分别为 $U_E=1.7V$,$U_B=1.4V$,$U_C=5V$,则该管类型为(　　　)。

  A. NPN 型锗管   B. PNP 型锗管

  C. NPN 型硅管   D. PNP 型硅管

13. 设某晶体管三个极的电位分别为 $U_E=13V$,$U_B=12.3V$,$U_C=6.5V$,则该管类型为(　　　)。

  A. PNP 型锗管   B. NPN 型锗管

  C. PNP 型硅管   D. NPN 型硅管

14. 已知放大电路中某晶体管三个极的电压分别为 $U_E=6V$,$U_B=5.3V$,$U_C=0$,则该管类型为(　　　)。

  A. PNP 型锗管   B. NPN 型锗管

  C. PNP 型硅管   D. NPN 型硅管

15. 如图 8-2 所示的三极管接在放大电路中,该管工作正常,测得 $U_{BE}=0.3V$,则此管的类型为(　　　)。

  A. PNP 型锗管   B. NPN 型锗管

  C. PNP 型硅管   D. NPN 型硅管

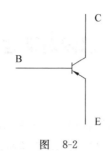

图 8-2

16. 晶体管的主要特点是具有( )。

    A. 单向导电性   B. 电流放大作用

    C. 稳压作用   D. 电压放大作用

17. 工作在放大状态的双极型晶体管是( )。

    A. 电流控制元件   B. 电压控制元件

    C. 不可控元件   D. 电阻控制元件

18. 如果改变晶体管基极电压的极,使发射结由正偏导通改为反偏导通,则集电极电流( )。

    A. 反向   B. 近似等于零   C. 不变   D. 增大

19. 工作在放大状态的晶体管,各极的电位应满足( )。

    A. 发射结正偏,集电结反偏   B. 发射结反偏,集电结正偏

    C. 发射结、集电结均反偏   D. 发射结、集电结均正偏

20. 晶体管处于截止状态时,集电结和发射结的偏置情况为( )。

    A. 发射结反偏,集电结正偏   B. 发射结、集电结均反偏

    C. 发射结、集电结均正偏   D. 发射结正偏,集电结反偏

21. 晶体管处于饱和状态时,集电结和发射结的偏置情况为( )。

    A. 发射结反偏,集电结正偏   B. 发射结、集电结均反偏

    C. 发射结、集电结均正偏   D. 无法确定

22. 已知某晶体管处于放大状态,测得其三个极的电位分别为 6V、9V 和 6.3V,则 6V 所对应的电极为( )。

    A. 发射极   B. 集电极   C. 基极   D. 无法确定

23. 晶体管的穿透电流 I_{CEO} 是表明( )。

    A. 该管温度稳定性好坏的参数

    B. 该管允许通过最大电流的极限参数

    C. 该管放大能力的参数

    D. 以上都有可能

24. 晶体管的电流放大系数 β 是指( )。

    A. 工作在饱和区时的电流放大系数   B. 工作在放大区时的电流放大系数

    C. 工作在截止区时的电流放大系数   D. 无法确定

任务 8.3 晶闸管的性能与测试

一、判断题

1. 晶闸管的控制极仅在触发晶闸管导通时起作用。 （   ）

2. 晶闸管的控制极加上触发信号后，晶闸管导通。 （   ）

3. 当晶闸管阳极电压为零时，晶闸管马上关断。 （   ）

4. 加在晶闸管控制极上的触发电压，一般不准超过 10V。 （   ）

5. 只要阳极电流小于维持电流，晶闸管就关断。 （   ）

二、选择题

1. 晶闸管导通以后，可用自身的（   ）作用来维持其导通状态。

    A. 放大   B. 正反馈   C. 开关   D. 负反馈

2. 加在晶闸管控制极上的触发信号电压值一般为（   ）V。

    A. 4～10   B. 12～18   C. 220   D. 380

项目

线性放大电路制作与测试

任务 9.1 共射极单管放大电路的分析、制作与测试

一、判断题

1. 只有电路既放大电流又放大电压,才称其有放大作用。 （　　）
2. 可以说任何放大电路都有功率放大作用。 （　　）
3. 放大电路中输出的电流和电压都是由有源元器件提供的。 （　　）
4. 电路中各电量的交流成分是交流信号源提供的。 （　　）
5. 放大电路必须加上合适的直流电源才能正常工作。 （　　）
6. 由于放大的对象是变化量,所以当输入信号为直流信号时,任何放大电路的输出都毫无变化。 （　　）
7. 只要是共射放大电路,输出电压的底部失真都是饱和失真。 （　　）
8. 现测得两个共射放大电路空载时的电压放大倍数均为-100,将它们连成两级放大电路,其电压放大倍数应为10000。 （　　）
9. 阻容耦合多级放大电路各级的 Q 点相互独立,它只能放大交流信号。 （　　）
10. 直接耦合多级放大电路各级的 Q 点相互影响,它只能放大直流信号。 （　　）
11. 只有直接耦合放大电路中晶体管的参数才随温度而变化。 （　　）
12. 互补输出级应采用共集或共漏接法。 （　　）

二、选择题

1. 当晶体管工作在放大区时,发射结电压和集电结电压应为（　　）。
   A. 前者反偏、后者也反偏　　　　　　B. 前者正偏、后者反偏
   C. 前者正偏、后者也正偏　　　　　　D. 前者反偏、后者正偏
2. 基本共射放大电路中,基极电阻 R_b 的作用是（　　）。

A. 限制基极电流,使晶体管工作在放大区,并防止输入信号短路

B. 把基极电流的变化转化为输入电压的变化

C. 保护信号源

D. 防止输出电压被短路

3. 基本共射放大电路中,集电极电阻 R_c 的作用是(   )。

A. 限制集电极电流的大小

B. 将输出电流的变化量转化为输出电压的变化量

C. 防止信号源被短路

D. 保护直流电压源

4. 基本共射放大电路中,输入正弦信号,现用示波器观察输出电压 u_o 和晶体管集电极电压 u_c 的波形,二者相位(   )。

A. 相同　　　　　B. 相反　　　　　C. 相差 $90°$　　　　　D. 相差 $270°$

5. NPN 晶体管基本共射极放大电路输出电压出现了非线性失真,通过减小 R_b 失真消除,这种失真一定是(   )失真。

A. 饱和　　　　　B. 截止　　　　　C. 双向　　　　　D. 相位

6. 晶体管共发射极输出特性常用一簇曲线表示,其中每一条曲线对应一个特定的(   )。

A. i_C　　　　　B. u_{CE}　　　　　C. i_B　　　　　D. i_E

7. 某晶体管的发射极电流等于 1mA,基极电流等于 $20\mu A$,则它的集电极电流等于(   )mA。

A. 0.98　　　　　B. 1.02　　　　　C. 0.8　　　　　D. 1.2

8. 下列各种基本放大器中可作为电流跟随器的是(   )。

A. 共射极接法　　B. 共基极接法　　C. 共集电极接法　　D. 任何接法

9. 如图 9-1 所示为三极管的输出特性曲线。该管在 $U_{CE}=6V$,$I_C=3mA$ 处电流放大倍数 β 为(   )。

A. 60　　　　　B. 80　　　　　C. 100　　　　　D. 10

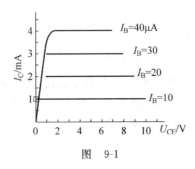

图 9-1

10. 放大电路的三种组态(   )。

A. 都有电压放大作用　　　　　　　B. 都有电流放大作用

C. 都有功率放大作用　　　　　　　D. 只有共射极电路有功率放大作用

11. 晶体管构成的三种放大电路中,没有电压放大作用但有电流放大作用的是(　　)。
  A. 共集电极接法
         B. 共基极接法
  C. 共发射极接法
         D. 以上都不是

12. 三极管各个极的电压如下,处于放大状态的三极管是(　　)。
  A. $U_B=0.7V, U_E=0V, U_C=0.3V$
  B. $U_B=-6.7V, U_E=-7.4V, U_C=-4V$
  C. $U_B=-3V, U_E=0V, U_C=6V$
  D. $U_B=2.7V, U_E=2V, U_C=2V$

13. 在基本放大电路的三种组态中,输入电阻最大的放大电路是(　　)。
  A. 共射极放大电路
       B. 共基极放大电路
  C. 共集电极放大电路
       D. 不能确定

14. 在基本共射极放大电路中,负载电阻 R_L 减小时,输出电阻 R_o 将(　　)。
  A. 增大   B. 减少   C. 不变   D. 不能确定

15. 在三种基本放大电路中,输入电阻最小的放大电路是(　　)。
  A. 共射极放大电路
       B. 共基极放大电路
  C. 共集电极放大电路
       D. 不能确定

16. 在电路中可以利用(　　)实现高内阻信号源与低阻负载之间较好的配合。
  A. 共射极电路
        B. 共基极电路
  C. 共集电极电路
        D. 共射-共基极电路

17. 在基本放大电路的三种组态中,输出电阻最小的是(　　)。
  A. 共射极放大电路
       B. 共基极放大电路
  C. 共集电极放大电路
       D. 不能确定

18. 在由 NPN 晶体管组成的基本共射极放大电路中,当输入信号为 1kHz,5mV 的正弦电压时,输出电压波形出现了底部削平的失真,这种失真是(　　)。
  A. 饱和失真 B. 截止失真 C. 交越失真 D. 频率失真

19. 以下电路中,可用作电压跟随器的是(　　)。
  A. 差分放大电路
       B. 共基极电路
  C. 共射极电路
       D. 共集电极电路

20. 晶体三极管的关系式 $i_C=f(u_{BE})|u_{CE}$ 代表三极管的(　　)。
  A. 共射极输入特性
       B. 共射极输出特性
  C. 共基极输入特性
       D. 共基极输出特性

21. 在由 PNP 晶体管组成的基本共射极放大电路中,当输入信号为 1kHz,5mV 的正弦电压时,输出电压波形出现了顶部削平的失真,这种失真是(　　)。
  A. 饱和失真 B. 截止失真 C. 交越失真 D. 频率失真

22. 对于基本共射极放大电路,R_b 减小时,输入电阻 R_i 将(　　)。
  A. 增大   B. 减小   C. 不变   D. 不能确定

23. 在基本共射极放大电路中,信号源内阻 R_S 减小时,输入电阻 R_i 将(　　)。
  A. 增大   B. 减小   C. 不变   D. 不能确定

24. 在三种基本放大电路中,电压增益最小的放大电路是(　　　)。

    A. 共射极放大电路　　　　　　　　　　B. 共基极放大电路

    C. 共集电极放大电路　　　　　　　　　　D. 不能确定

25. 在三种基本放大电路中,电流增益最小的放大电路是(　　　)。

    A. 共射极放大电路　　　　　　　　　　B. 共基极放大电路

    C. 共集电极放大电路　　　　　　　　　　D. 不能确定

项目 10

集成运算放大器电路制作与测试

任务 10.1　集成运算放大器的分析、制作与测试

一、判断题

1. 阻容耦合放大电路只能放大交流信号,不能放大直流信号。　　　　　　（　　）

2. 直接耦合放大电路只能放大直流信号,不能放大交流信号。　　　　　　（　　）

3. 直接耦合放大电路的温漂很小,所以应用很广泛。　　　　　　　　　　（　　）

4. 在集成电路中制造大电容很困难,因此阻容耦合方式在线性集成电路中几乎无法采用。　　　　　　　　　　　　　　　　　　　　　　　　　　　　　　（　　）

5. 在负反馈放大器中,在反馈系数较大的情况下,只有尽可能地增大开环放大倍数,才能有效地提高闭环放大倍数。　　　　　　　　　　　　　　　　　　　（　　）

6. 在负反馈放大电路中,放大级的放大倍数越大,闭环放大倍数就越稳定。（　　）

7. 负反馈只能改善反馈环路内的放大性能,对反馈环路之外无效。　　　（　　）

8. 若放大电路的负载固定,为使其电压放大倍数稳定,可以引入电压负反馈,也可以引入电流负反馈。　　　　　　　　　　　　　　　　　　　　　　　　　　（　　）

9. 电压负反馈可以稳定输出电压,流过负载的电流也就必然稳定,因此电压负反馈和电流负反馈都可以稳定输出电流,在这一点上电压负反馈和电流负反馈没有区别。

（　　）

10. 串联负反馈不适用于理想电流信号源的情况,并联负反馈不适用于理想电压信号源的情况。　　　　　　　　　　　　　　　　　　　　　　　　　　　　　（　　）

11. 任何负反馈放大电路的增益带宽积都是一个常数。　　　　　　　　　（　　）

12. 由于负反馈可以展宽频带,所以只要负反馈足够深,就可以用低频管代替高频管组成放大电路来放大高频信号。　　　　　　　　　　　　　　　　　　　　（　　）

13. 负反馈能减小放大电路的噪声,因此无论噪声是输入信号中混合的还是反馈环

路内部产生的,都能使输出端的信噪比得到提高。　　　　　　　　　　（　　）

14. 处于线性工作状态下的集成运算放大器,反相输入端可按"虚地"来处理。

（　　）

15. 反相比例运算电路属于电压串联负反馈,同相比例运算电路属于电压并联负反馈。

（　　）

16. 处于线性工作状态的实际集成运算放大器,在实现信号运算时,两个输入端对地的直流电阻必须相等,才能防止输入偏置电流 I_m 带来运算误差。　　　　（　　）

17. 在反相求和电路中,集成运算放大器的反相输入端为虚地点,流过反馈电阻的电流基本上等于各输入电流的代数和。　　　　　　　　　　　　　　（　　）

18. 同相求和电路与同相比例电路一样,各输入信号的电流几乎等于零。　（　　）

19. 运算电路中一般均引入负反馈。　　　　　　　　　　　　　　　（　　）

20. 电压比较器的阈值电压是使集成运算放大器同相输入端电位和反相输入端电位相等的输入电压。　　　　　　　　　　　　　　　　　　　　　　（　　）

21. 电压比较器电路中集成运算放大器的净输入电流为零。　　　　　（　　）

22. 集成运算放大器在开环情况下一定工作在非线性区。　　　　　　（　　）

23. 当集成运算放大器工作在非线性区时,输出电压不是高电平,就是低电平。

（　　）

24. 一般情况下,在电压比较器中,集成运算放大器不是工作在开环状态,就是仅仅引入了正反馈。　　　　　　　　　　　　　　　　　　　　　　（　　）

二、选择题

1. 若三级放大电路的 $A_{V1} = A_{V2} = 20dB$,$A_{V3} = 30dB$,则其总电压增益为（　　）dB。

　　A. 50　　　　　　　B. 60　　　　　　　C. 70　　　　　　　D. 12000

2. 输入失调电压 U_{IO} 是（　　）。

　　A. 两个输入端电压之差

　　B. 两个输入端电压之和

　　C. 输入端都为零时的输出电压

　　D. 输出端为零时输入端的等效补偿电压

3. 为了减小温漂,通用型集成运算放大器的输入级多采用（　　）。

　　A. 共射极电路　　　　　　　　　　B. 共集电极电路

　　C. 差动放大电路　　　　　　　　　D. OCL 电路

4. 集成运算放大器在电路结构上放大级之间通常采用（　　）。

　　A. 阻容耦合　　　B. 变压器耦合　　　C. 直接耦合　　　D. 光电耦合

5. 集成运算放大器输入级通常采用（　　）。

　　A. 共射极放大电路　　　　　　　　B. OCL 互补对称电路

　　C. 差分放大电路　　　　　　　　　D. 偏置电路

6. 理想运算放大器的开环差模增益 A_{od} 为（　　）。

　　A. 0　　　　　　　B. 1　　　　　　　C. 10^5　　　　　　D. ∞

7. 要得到一个由电流控制的电流源应选用(　　　)。
  A. 电压串联负反馈
  B. 电压并联负反馈
  C. 电流串联负反馈
  D. 电流并联负反馈

8. 要得到一个由电压控制的电流源应选用(　　　)。
  A. 电压串联负反馈
  B. 电压并联负反馈
  C. 电流串联负反馈
  D. 电流并联负反馈

9. 在交流负反馈的四种组态中,要求互导增益 $A_{iuf}=I_o/U_i$ 稳定,应选(　　　)。
  A. 电压串联负反馈
  B. 电压并联负反馈
  C. 电流串联负反馈
  D. 电流并联负反馈

10. 在交流负反馈的四种组态中,要求互阻增益 $A_{uif}=U_o/I_i$ 稳定,应选(　　　)。
  A. 电压串联负反馈
  B. 电压并联负反馈
  C. 电流串联负反馈
  D. 电流并联负反馈

11. 在交流负反馈的四种组态中,要求电流增益 $A_{iif}=I_o/I_i$ 稳定,应选(　　　)。
  A. 电压串联负反馈
  B. 电压并联负反馈
  C. 电流串联负反馈
  D. 电流并联负反馈

12. 放大电路引入交流负反馈后将(　　　)。
  A. 提高输入电阻
  B. 减小输出电阻
  C. 提高放大倍数
  D. 提高放大倍数的稳定性

13. 放大电路引入直流负反馈后将(　　　)。
  A. 改变输入、输出电阻
  B. 展宽频带
  C. 减小放大倍数
  D. 稳定静态工作点

14. 电流并联负反馈对放大器的影响,正确的是(　　　)。
  A. 能稳定静态工作点,增加电压放大倍数的稳定性,减小输入电阻
  B. 使放大器不稳定,可能产生自激振荡
  C. 能稳定静态工作点,提高输入电阻,稳定放大器的输出电压
  D. 能稳定放大器的输出电流,减小输入电阻,但放大器带动负载能力减小

15. 为了稳定静态工作点,应引入(　　　);为稳定增益,应引入(　　　)。
  A. 直流负反馈
  B. 交流负反馈
  C. 直流正反馈
  D. 交流正反馈

16. 某负反馈放大电路,输出端接地时,电路中的反馈量仍存在,则表明该反馈是(　　　)。
  A. 电压
  B. 电流
  C. 串联
  D. 并联

17. 如果希望负载变化时输出电流稳定,则应引入(　　　)负反馈。
  A. 电压
  B. 电流
  C. 串联
  D. 并联

18. 射极跟随器是(　　　)。
  A. 电压串联
  B. 电压并联
  C. 电流串联
  D. 电流并联

19. 要使放大器向信号源索取的电流小,同时带负载的能力强,应引入(　　　)。
  A. 电压串联
  B. 电压并联
  C. 电流串联
  D. 电流并联

20. 如图 10-1 所示电路,该电路级间存在(   )负反馈。

A. 电压串联   B. 电压并联   C. 电流串联   D. 电流并联

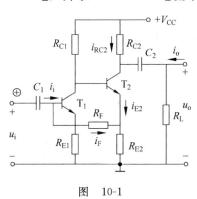

图　10-1

项目 11

电源电路制作与测试

任务 11.1　三端集成稳压电源的分析、制作与测试

一、判断题

1. 直流稳压电源是能量转换电路,是将交流能量转换成直流能量。　　　　(　　)

2. 当工作电流超过最大稳压电流时,稳压二极管将不起稳压作用,但并不损坏。

(　　)

3. 整流电路可将正弦电压变为脉动的直流电压。　　　　　　　　　(　　)

4. 桥式整流电路中,流过每个二极管的平均电流相同,都只有负载电路的一半。

(　　)

5. 在电容滤波电路中,电容量越大,滤波效果越好,输出电压越小。　　(　　)

6. 电容滤波电路的输出特性比电感滤波的输出特性差。　　　　　　(　　)

7. 直流电源是一种将正弦信号转换为直流信号的波形变换电路。　　(　　)

8. 直流电源是一种能量转换电路,它将交流能量转换为直流能量。　(　　)

9. 在变压器二次电压和负载电阻相同的情况下,桥式整流电路的输出电流是半波整流电路输出电流的 2 倍。因此,它们的整流管的平均电流比值为 2∶1。　(　　)

10. 若 U_2 为电源变压器二次电压的有效值,则半波整流电容滤波电路和全波整流电容滤波电路在空载时的输出电压均为 $\sqrt{2}U_2$。　　　　　　(　　)

11. 当输入电压 U_1 和负载电流 I_L 变化时,稳压电路的输出电压是绝对不变的。

(　　)

12. 一般情况下,开关型稳压电路比线性稳压电路效率高。　　　　(　　)

13. 整流电路可将正弦电压变为脉动的直流电压。　　　　　　　(　　)

14. 电容滤波电路适用于小负载电流,而电感滤波电路适用于大负载电流。(　　)

15. 在单相桥式整流电容滤波电路中,若有一只整流管断开,输出电压平均值变为原来的一半。 （　　）

16. 对于理想的稳压电路,$\Delta U_o / \Delta U_I = 0$,$R_o = 0$。 （　　）

17. 线性直流电源中的调整管工作在放大状态,开关型直流电源中的调整管工作在开关状态。 （　　）

18. 因为串联型稳压电路中引入了深度负反馈,因此也可能产生自激振荡。 （　　）

19. 在稳压管稳压电路中,稳压管的最大稳定电流必须大于最大负载电流;而且,其最大稳定电流与最小稳定电流之差应大于负载电流的变化范围。 （　　）

二、选择题

1. 理想二极管在单相桥式整流、电阻性负载电路中,承受的最大反向电压为（　　）。

    A. 小于$\sqrt{2}U_2$ B. 等于$\sqrt{2}U_2$

    C. 大于$\sqrt{2}U_2$且小于$2\sqrt{2}U_2$ D. 等于$2\sqrt{2}U_2$

2. 理想二极管在半波整流电容滤波电路中的导通角为（　　）。

    A. 小于$180°$ B. 等于$180°$ C. 大于$180°$ D. 等于$360°$

3. 电路如图11-1所示。已知$U_2 = 20V$,稳压管的$U_{DZ} = 9V$,$R = 300\Omega$,$R_L = 300\Omega$。正常情况下,电路的输出电压U_o为（　　）V。

    A. 9   B. 12   C. 24   D. 28

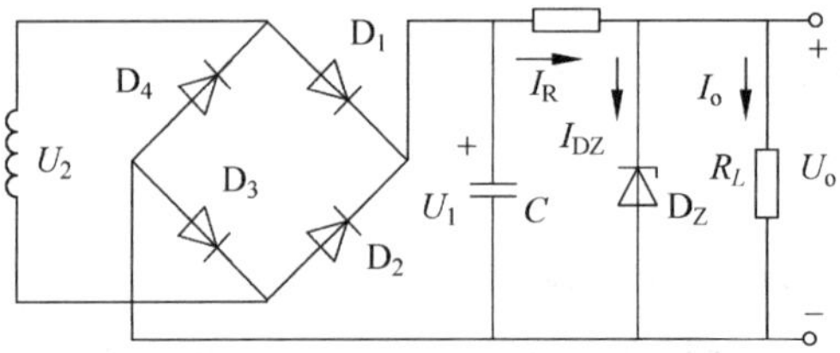

图 11-1

4. 上题中,若不慎将稳压管开路了,则电路的输出电压U_o约为（　　）V。

    A. 9   B. 12   C. 24   D. 28

5. 在单相桥式整流电路中,若有一只整流管接反,则（　　）。

    A. 输出电压约为$2U_D$ B. 输出电压约为$U_D/2$

    C. 整流管将因电流过大而烧坏   D. 变为半波整流

6. 直流稳压电源中滤波电路的目的是（　　）。

    A. 将交流变为直流

    B. 将高频变为低频

    C. 将交、直流混合量中的交流成分滤掉

    D. 保护电源

7. 在单相桥式整流电容滤波电路中,设U_2为其输入电压,输出电压的平均值约为（　　）。

    A. $U_o = 0.45U_2$ B. $U_o = 1.2U_2$

    C. $U_o = 0.9U_2$ D. $U_o = 1.4U_2$

8. 三端集成稳压器 CW7812 的输出电压是(　　)V。

　　A. 12　　　　　　　　B. 5　　　　　　　　C. 9　　　　　　　　D. 15

9. 单相桥式整流电容滤波电路输出电压平均值 $u_o = ($　　$)u_z$。

　　A. 0.45　　　　　　　B. 0.9　　　　　　　C. 1.2　　　　　　　D. 1.5

10. 三端集成稳压器 CXX7805 的输出电压是(　　)V。

　　A. 5　　　　　　　　B. 9　　　　　　　　C. 12　　　　　　　D. 15

11. 整流的目的是(　　)。

　　A. 将交流变为直流　　　　　　　　　B. 将高频变为低频

　　C. 将正弦波变为方波　　　　　　　　D. 无法确定

12. 串联型稳压电路中的放大环节放大的对象是(　　)。

　　A. 基准电压　　　　　　　　　　　　B. 采样电压

　　C. 基准电压与采样电压之差　　　　　D. 无法确定

13. 开关型直流电源比线性直流电源效率高的原因是(　　)。

　　A. 调整管工作在开关状态　　　　　　B. 输出端有 LC 滤波电路

　　C. 可以不用电源变压器　　　　　　　D. 无法确定

第 4 单元　数字电子技术

项目 **12**

基本逻辑电路

任务 12.1　认识数字电路

一、判断题

1. 数字电路是处理数字信号的电路。　　　　　　　　　　　　　　　　　（　　）

2. 在数字电路中,高电平和低电平分别指的是一定的电压范围,某一个固定不变的
数值。　　　　　　　　　　　　　　　　　　　　　　　　　　　　　　（　　）

3. 数字电路中的 0 和 1 有时表示逻辑进制数,有时表示状态。　　　　　　（　　）

4. 二进制数的进位关系是逢二进一,所以 1+1=10。　　　　　　　　　　（　　）

5. 二进制就是以 2 为基数的计数体制。　　　　　　　　　　　　　　　　（　　）

6. 用 4 位二进制数码表示 1 位十进制数的编码称为 8421 码。　　　　　　（　　）

7. 用 4 位二进制数码表示 1 位十进制数的编码称为 BCD 码。　　　　　　（　　）

8. BCD 码即 8421 码。　　　　　　　　　　　　　　　　　　　　　　　（　　）

9. 8421 码属于 BCD 码。　　　　　　　　　　　　　　　　　　　　　　（　　）

二、选择题

1. 数字电路用来研究和处理(　　)。

　　A. 连续变化的信号　　　　　　　　　　　　B. 离散信号

　　C. 连续变化的信号和离散信号

2. 十进制数 1986 中,倒数第二位的"权"是(　　)。

　　A. 8×10^2　　　　　B. 8×10^3　　　　　C. 10^1　　　　　D. 8×10^1

3. 二进制数 11101 中,倒数第三位的"权"是(　　)。

　　A. 2×10^0　　　　　B. 10^1　　　　　C. 2^2　　　　　D. 2^3

4. 十进制 326 写成 8421BCD 码是(　　)。

A. 001100100110   B. 000100011001

C. 110010001011   D. 001100100111

5. 将二进制(1110100)₂转换成十进制数是(   )。

A. 15   B. 116   C. 110   D. 74

6. 等于(36.7)₁₀的8421BCD码是(   )。

A. 0110110.101   B. 0011110.1110

C. 00110110.0111   D. 0011001.0111

7. 与8421BCD码 01101000 等值的十进制数是(   )。

A. 68   B. 38   C. 105   D. 68

任务 12.2   认识逻辑门电路

一、判断题

1. 门电路是一种具有一定逻辑关系的开关电路。   (   )

2. 决定某事件的全部条件同时具备时结果才会发生,这种因果关系属于或逻辑关系。   (   )

3. 由三个开关并联起来控制一只电灯,电灯的亮灭同三个开关的闭合、断开之间的对应关系属于与逻辑关系。   (   )

4. 在决定某事件的条件中,只要任一条件具备,事件就会发生,这种因果关系属于与逻辑关系。   (   )

5. 由三个开关串联起来控制一只电灯,电灯的亮灭同三个开关的闭合、断开之间的对应关系属于或逻辑关系。   (   )

6. 决定某事件的条件只有一个,当条件出现时,事件不发生,而条件不出现时事件发生,这种因果关系属于非逻辑关系。   (   )

7. 非门电路有多个输入端,一个输出端。   (   )

8. 与非门和或非门都是复合门。   (   )

9. 与非门实现与非运算,其运算顺序是先与运算,然后将与运算结果求反。   (   )

二、选择题

1. 在逻辑运算中,只有两种逻辑取值,它们是(   )。

A. 0 和 5V   B. 正电位和负电位

C. 0 和 1

2. 与非门逻辑电路的逻辑符号为(   )。

3. 或非门逻辑关系的表达式为（　　）。

A. $Y = A + B$　　　　B. $Y = \overline{A \cdot B}$　　　　C. $Y = \overline{A + B}$　　　　D. $Y = \overline{A} + \overline{B}$

4. 若输入量 A、B 全为 1 时，输出量 Y 为 0，则输出与输入的关系是（　　）。

A. 与非　　　　　　B. 或非　　　　　　C. 与、或均可　　　　D. 与或

5. 如图 12-1 所示电路的逻辑功能是（　　）。

A. 与非逻辑　　　B. 或非逻辑　　　C. 或逻辑　　　D. 与逻辑

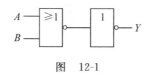

图　12-1

6. 如图 12-2 所示电路的逻辑真值表是（　　）。

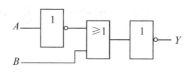

图　12-2

A.

A	B	Y
0	0	0
1	0	1
0	1	0
1	1	0

B.

A	B	Y
0	0	0
1	0	1
0	1	0
1	1	1

C.

A	B	Y
0	0	1
1	0	1
0	1	0
1	1	0

7. 表 12-1 所示真值表对应的电路为（　　）。

表　12-1

A	B	C	Y
0	0	0	0
0	0	1	1
0	1	0	1
0	1	1	1
1	0	0	1
1	0	1	1
1	1	0	1
1	1	1	1

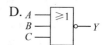

8. 图 12-3 所示电路的逻辑表达式为(　　)。

A. $Y = AB + \overline{AC}$　　　　　　　　　　B. $Y = AB + AC$

C. $Y = AB + BC$　　　　　　　　　　　D. $Y = A + B + C$

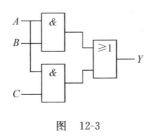

图　12-3

任务 12.3　化简逻辑代数及逻辑函数

一、判断题

1. 证明两个函数是否相等,只要比较它们的真值表是否相同即可。　　　　　　(　　)

2. 在逻辑函数表达式中,如果一个乘积项包含的输入变量最少,那么该乘积项称为最小项。　　　　　　　　　　　　　　　　　　　　　　　　　　　　(　　)

3. 当决定一件事情的所有条件全部具备时,这件事情才发生,这样的逻辑关系称为非。　　　　　　　　　　　　　　　　　　　　　　　　　　　　　　(　　)

4. 在全部输入是"0"的情况下,函数 $Y = \overline{A + B}$ 运算的结果是逻辑"0"。　　(　　)

5. 逻辑变量取值的 0 和 1 表示事物相互独立而又联系的两个方面。　　　(　　)

6. 在变量 A、B 取值相异时,其逻辑函数值为1,相同时为0,称为异或运算。(　　)

7. 逻辑函数的卡诺图中,相邻最小项可以合并。　　　　　　　　　　　(　　)

8. 对任意一个最小项,只有一组变量取值使得它的值为1。　　　　　　　(　　)

9. 任意的两个最小项之积恒为0。　　　　　　　　　　　　　　　　　(　　)

二、选择题

1. 在(　　)的情况下,函数 $Y = A + B$ 运算的结果是逻辑"0"。

A. 全部输入是"0"　　　　　　　　　B. 任一输入是"0"

C. 任一输入是"1"　　　　　　　　　D. 全部输入是"1"

2. 在(　　)的情况下,函数 $Y = \overline{AB}$ 运算的结果是逻辑"1"。

A. 全部输入是"0"　　　　　　　　　B. 任一输入是"0"

C. 任一输入是"1"　　　　　　　　　D. 全部输入是"1"

3. 在(　　)的情况下,函数 $Y = AB$ 运算的结果是逻辑"1"。

A. 全部输入是"0"　　　　　　　　　B. 任一输入是"0"

C. 任一输入是"1"　　　　　　　　　D. 全部输入是"1"

4. 逻辑表达式 $A+BC=$（ ）。

    A. AB B. $A+C$ C. $(A+B)(A+C)$ D. $B+C$

5. 逻辑表达式 $\overline{ABC}=$（ ）。

    A. $A+B+C$ B. $\overline{A}+\overline{B}+\overline{C}$ C. $\overline{A+B+C}$ D. $\overline{A}\cdot\overline{B}\cdot\overline{C}$

6. 下列逻辑式中，正确的是（ ）。

    A. $A+A=A$ B. $A+A=0$ C. $A+A=1$ D. $A\cdot A=1$

7. 下列逻辑式中，正确的是（ ）。

    A. $A\cdot\overline{A}=0$ B. $A\cdot A=1$ C. $A\cdot A=0$ D. $A+\overline{A}=0$

8. 逻辑函数式 $\overline{A}B+A\overline{B}+AB$，化简后结果是（ ）。

    A. AB B. $\overline{A}B+A\overline{B}$ C. $A+B$ D. $\overline{A}B+AB$

9. 全部的最小项之和恒为（ ）。

    A. 0   B. 1   C. 0 或 1   D. 非 0 非 1

项目 13

组合逻辑电路和时序逻辑电路

任务 13.1　分析组合逻辑电路

一、判断题

1. 用两个与非门不可能实现与运算。　　　　　　　　　　　　　　　　　　（　　）

2. 逻辑门电路在任一时刻的输出只取决于该时刻这个门电路的输入信号。（　　）

二、选择题

1. 组合逻辑电路的输出取决于（　　）。

　　A. 输入信号的现态

　　B. 输出信号的现态

　　C. 输出信号的次态

　　D. 输入信号的现态和输出信号的现态

2. 组合逻辑电路由（　　）构成。

　　A. 门电路　　　　　　　　　　　　　　B. 触发器

　　C. 门电路和触发器　　　　　　　　　　D. 计数器

3. 组合逻辑电路（　　）。

　　A. 具有记忆功能　　　　　　　　　　　B. 没有记忆功能

　　C. 有时有记忆功能,有时没有　　　　　D. 以上都不对

4. 半加器的逻辑功能是（　　）。

　　A. 两个同位的二进制数相加

　　B. 两个二进制数相加

　　C. 两个同位的二进制数及来自低位的进位三者相加

　　D. 两个二进制数的和的一半

5. 全加器的逻辑功能是（　　　）。

　　A. 两个同位的二进制数相加

　　B. 两个二进制数相加

　　C. 两个同位的二进制数及来自低位的进位三者相加

　　D. 不带进位的两个二进制数相加

6. 对于两个 4 位二进制数 $A(A_3A_2A_1A_0)$、$B(B_3B_2B_1B_0)$，下面说法正确的是（　　　）。

　　A. 如果 $A_3 > B_3$，则 $A > B$　　　　　　　B. 如果 $A_3 < B_3$，则 $A > B$

　　C. 如果 $A_0 > B_0$，则 $A > B$　　　　　　　D. 如果 $A_0 < B_0$，则 $A > B$

任务 13.2　认识译码器

一、判断题

1. 译码器是一种多路输入、多路输出的逻辑部件。　　　　　　　　　（　　　）

2. 译码是将二进制代码所表示的特定含义翻译出来的过程。　　　　　（　　　）

3. 显示译码器是把数字电路中测量数据和运算结果用十进制数显示出来。（　　　）

4. 将二进制代码译成对应输出信号的电路称为二进制译码器。　　　　（　　　）

5. 将输入的 4 位 BCD 代码译成 10 个对应的输出信号的译码器称为 4 线-10 线译码器。　　　　　　　　　　　　　　　　　　　　　　　　　　　　　　　（　　　）

二、选择题

十六路数据选择器的地址输入端有（　　　）个。

A. 16　　　　　　　B. 2　　　　　　　C. 4　　　　　　　D. 8

任务 13.3　认识 RS 触发器

一、判断题

1. 时序电路具有记忆功能。　　　　　　　　　　　　　　　　　　　（　　）

2. 组合逻辑电路在任一时刻的输出信号仅与当时的输入信号有关。　　（　　）

3. 在异步时序电路中，各触发器 CP 端受相同的触发脉冲控制。　　　（　　）

4. RS 触发器只能由与非门构成。　　　　　　　　　　　　　　　　　（　　）

5. 基本 RS 触发器在 $\overline{R}_D = \overline{S}_D = 0$ 时，其输出状态不定。　　　　　　（　　）

6. 同步 RS 触发器动作受 CP 端的控制。　　　　　　　　　　　　　（　　）

7. 无论是基本 RS 触发器，还是同步 RS 触发器都存在不确定的状态。　（　　）

8. 主从触发器电路中，主触发器和从触发器输出状态的翻转是同时进行的。（　　）

二、选择题

1. 时序电路可由（　　）构成。

　　A. 触发器或门电路　　　　　　　　　　B. 门电路

　　C. 触发器或触发器和门电路的组合　　　D. 运算放大器

2. 时序电路输出状态的改变（　　）。

　　A. 仅与该时刻的输入信号状态有关

　　B. 仅与时序电路的原状态有关

　　C. 与该时刻的输入信号状态和时序电路的原状态均有关

　　D. 以上都不对

3. 触发器是由门电路构成的，其主要特点是（　　）。

　　A. 同门电路的功能一样

　　B. 具有记忆功能

　　C. 有的具有记忆功能，有的没有记忆功能

　　D. 没有记忆功能

4. 基本 RS 触发器电路中，触发脉冲消失后，其输出状态（　　）。

　　A. 恢复原状态　　　B. 保持现状态　　　C. 0 状态　　　D. 1 状态

5. 同步 RS 触发器在 $CP=0$ 期间，$\bar{R}=\bar{S}=1$ 时，触发器状态（　　）。

　　A. 置 0　　　　　B. 置 1　　　　　C. 保持　　　　　D. 翻转

任务 13.4　认识寄存器

一、判断题

1. 寄存器的功能是存储二进制代码和数据，并对所存储的信息进行处理。　　（　　）

2. 寄存器存储输入的二进制数码或信息时，是按寄存指令要求进行的。　　（　　）

3. 计数器和寄存器是简单而又最常用的组合逻辑器件。　　（　　）

4. 单拍工作方式的寄存器不需要清零，只要 $CP=1$ 到达，新的数据就会存入。

（　　）

5. 移位寄存器不但可以存储代码，还可以用来实现数据的串行—并行转换，数据处理。　　（　　）

二、选择题

1. 寄存器中与触发器相配合的控制电路通常由（　　）构成。

　　A. 门电路　　　　B. 触发器　　　　C. 二极管　　　　D. 晶体管

2. 6 个触发器构成的寄存器能存放（　　）位数据信号。

　　A. 6　　　　　　B. 12　　　　　　C. 18　　　　　　D. 24

3. 寄存器由（　　）组成。

　　A. 门电路　　　　B. 触发器　　　　C. 触发器和具有控制作用的门电路

4. 利用移位寄存器产生 00001111 序列,至少需要(　　)级触发器。

A. 2　　　　　　　　B. 4　　　　　　　　C. 8　　　　　　　　D. 16

5. 移位寄存器工作于并入并出方式时,信息的存取与时钟脉冲 CP(　　)。

A. 有关　　　　　　B. 无关　　　　　　C. 时有关,时无关

任务 13.5　认识计数器

一、判断题

1. 构成计数器电路的器件必须具有记忆功能。　　　　　　　　　　　　　　(　　)

2. 8421 码十进制加法计数器处于 1001 状态时,应准备向高位发进位信号。(　　)

3. 按照计数器在计数过程中触发器进位、借位的不同,把计数器分为加法计数器和减法计数器。　　　　　　　　　　　　　　　　　　　　　　　　　　　　(　　)

4. 按照计数器在计数过程中触发器翻转次序,把计数器分为同步计数器和异步计数器。　　　　　　　　　　　　　　　　　　　　　　　　　　　　　　　(　　)

5. 异步加法计数器应将低位的 Q 端与高位的 CP 端相连接。　　　　　　　(　　)

6. 异步减法计数器若以低位的 Q 端与相邻高位的 CP 端相连接,则构成加法计数器。　　　　　　　　　　　　　　　　　　　　　　　　　　　　　　　　(　　)

二、选择题

1. 一个 4 位二进制加法计数器起始状态为 1001,当最低位输入 4 个脉冲时,触发器状态为(　　)。

A. 0011　　　　　　B. 0100　　　　　　C. 1101　　　　　　D. 1100

2. 构成计数器的基本单元是(　　)。

A. 与非门　　　　　B. 或非门　　　　　C. 触发器　　　　　D. 放大器

3. 8421BCD 十进制计数器的状态为 1000,若再输入 6 个计数脉冲后,计数器的新状态是(　　)。

A. 1001　　　　　　B. 0100　　　　　　C. 0011　　　　　　D. 1110

4. 同步计数器和异步计数器比较,同步计数器的显著优点是(　　)。

A. 工作速度快　　　　　　　　　　　B. 触发器利用率高

C. 不受时钟 CP 控制　　　　　　　　D. 计数量大

综合测试题 1

一、判断题

1. 安全用电是衡量一个国家用电水平的重要标志之一。（　　）
2. 触电事故的发生具有季节性。（　　）
3. 触电者昏迷后,可以猛烈摇晃其身体,使之尽快复苏。（　　）
4. 电气设备必须具有一定的绝缘电阻。（　　）
5. 电容器两端只要有电压,电容器内就储存有一定的电场能量。（　　）
6. 有两个端电压相等的电容器,电容小的所带电荷多。（　　）
7. 三相对称电动势在任一瞬时的代数和为零。（　　）
8. 三相电源系统总是对称的,与负载的连接方式无关。（　　）
9. 三类负荷的用电级别最低,因此允许长时间停电或不供电。（　　）
10. 电击伤害的严重程度只与人体通过的电流大小有关,而与频率、时间无关。（　　）
11. 只要电源中性点接地,人体触及带电设备的某一相也不会造成触电事故。（　　）
12. 异步电动机定子及转子铁心使用硅钢片叠成的主要目的是为了减轻电动机的重量。（　　）
13. 具有良好导磁性的材料,经过适当的加工都可以作为异步电动机的定子铁心。（　　）
14. 电动机是根据电磁感应原理,把机械能转换成电能,输出电能的原动机。（　　）
15. 交流电动机按其作用原理分为同步电动机和异步电动机。（　　）
16. 三极管两个 PN 结均反偏,说明三极管工作于饱和状态。（　　）
17. 三极管集射电压为 $0.1 \sim 0.3V$,说明其工作于放大状态。（　　）
18. 只有电路既放大电流又放大电压,才称其有放大作用。（　　）
19. 可以说任何放大电路都有功率放大作用。（　　）
20. 阻容耦合放大电路只能放大交流信号,不能放大直流信号。（　　）
21. 直接耦合放大电路只能放大直流信号,不能放大交流信号。（　　）
22. 直流稳压电源是能量转换电路,是将交流能量转换成直流能量。（　　）
23. 当工作电流超过最大稳压电流时,稳压二极管将不起稳压作用,但并不损坏。（　　）
24. 门电路是一种具有一定逻辑关系的开关电路。（　　）
25. 在全部输入是"0"的情况下,函数 $Y = \overline{A + B}$ 运算的结果是逻辑"0"。（　　）

二、选择题

1. 在以接地电流入地点为圆心,（　　）m 为半径范围内行走的人,两脚之间承受跨步电压。

A. 1000　　　　　B. 100　　　　　C. 50　　　　　D. 20

2．50mA 电流属于（　　）。

A. 感知电流　　　B. 摆脱电流　　　C. 致命电流

3．正确安装三孔插座时，接地线的应该是（　　）。

A. 左孔　　　　　B. 右孔　　　　　C. 上孔　　　　　D. 外壳

4．由于使用大功率用电器，家中保险丝断了，可以代替原保险丝的是（　　）。

A. 将比原来保险丝粗一倍的保险丝并在一起使用

B. 将比原来保险丝细二分之一的保险丝并在一起使用

C. 用铁丝接在已断保险丝上

D. 用铜丝代替保险丝

5．通常电工术语"负载大小"是指（　　）的大小。

A. 等效电阻　　　　　　　　　　　B. 总电流

C. 实际电压　　　　　　　　　　　D. 实际电功率

6．三相四线制照明电路中，忽然有两相电灯变暗，一相变亮，出现故障的原因是（　　）。

A. 电路电压突然降低　　　　　　　B. 有一相短路

C. 不对称负载，中性线突然断开　　D. 有一相断路

7．节约用电的有效途径是（　　）。（选两个答案）

A. 用高效率电气设备取代低效率电气设备

B. 尽量使中、小型变压器空载或轻载运行

C. 加装无功补偿装置，提高功率因数

D. 使用较大容量的电动机拖动负载

8．人体行走时，离高压接地点越近，跨步电压（　　）。

A. 越低　　　　　B. 越高　　　　　C. 没有区别

9．在潮湿的工程地点，只允许使用（　　）进行照明。

A. 12V 的手提灯　　B. 36V 的手提灯　　C. 220V 电压

10．一旦发生触电事故，不应该（　　）。

A. 直接接触触电者　　　　　　　　B. 切断电源

C. 用绝缘物使触电者脱离电源

11．关于三相笼型异步电动机旋转磁场的同步转速，下列说法正确的是（　　）。（选两个答案）

A. 同步转速与电源频率成正比　　　B. 同步转速与电源频率成反比

C. 同步转速与磁极对数成正比　　　D. 同步转速与磁极对数成反比

12．所有三相笼型异步电动机从结构上看，其特点是（　　）。

A. 它们的转子导体必须由铸铝构成

B. 它们的定子内安装有三相对称绕组

C. 定子绕组本身不闭合，由铜环和电刷将其闭合

D. 转子绕组本身不闭合，由铜环和电刷将其闭合

13. 三相对称电流加在三相异步电动机的定子端,将会产生( )。
    A. 静止磁场　　　　　　　　　　　　B. 脉动磁场
    C. 旋转圆形磁场　　　　　　　　　　D. 旋转椭圆形磁场

14. 异步电动机空载时的功率因数与满载时比较,前者比后者( )。
    A. 高　　　　　B. 低　　　　　C. 都等于 1　　　　　D. 都等于 0

15. NPN 型和 PNP 型晶体管的区别是( )。
    A. 由两种不同的材料硅和锗制成　　　　B. 掺入的杂质元素不同
    C. P 区和 N 区的位置不同　　　　　　D. 管脚排列方式不同

16. 当晶体三极管的发射结和集电结都反偏时,则晶体三极管的集电极电流将( )。
    A. 增大　　　　　B. 减小　　　　　C. 反向　　　　　D. 几乎为零

17. 当晶体管工作在放大区时,发射结电压和集电结电压应为( )。
    A. 前者反偏、后者也反偏　　　　　　B. 前者正偏、后者反偏
    C. 前者正偏、后者也正偏　　　　　　D. 前者反偏、后者正偏

18. 输入失调电压 U_{IO} 是( )。
    A. 两个输入端电压之差
    B. 两个输入端电压之和
    C. 输入端都为零时的输出电压
    D. 输出端为零时输入端的等效补偿电压

19. 为了减小温漂,通用型集成运放的输入级多采用( )。
    A. 共射极电路　　　B. 共集电极电路　　　C. 差动放大电路　　　D. OCL 电路

20. 集成运算放大器在电路结构上放大级之间通常采用( )。
    A. 阻容耦合　　　B. 变压器耦合　　　C. 直接耦合　　　D. 光电耦合

21. 集成运算放大器输入级通常采用( )。
    A. 共射极放大电路　　　　　　　　　B. OCL 互补对称电路
    C. 差分放大电路　　　　　　　　　　D. 偏置电路

22. 在单相桥式整流电路中,若有一只整流管接反,则( )。
    A. 输出电压约为 $2U_D$　　　　　　　B. 输出电压约为 $U_D/2$
    C. 整流管将因电流过大而烧坏　　　　D. 变为半波整流

23. 直流稳压电源中滤波电路的目的是( )。
    A. 将交流变为直流　　　　　　　　　B. 将高频变为低频
    C. 将交、直流混合量中的交流成分滤掉　D. 保护电源

24. 二进制数 11101 中,倒数第三位的"权"是( )。
    A. 2×10^0　　　B. 10^1　　　C. 2^2　　　D. 2^3

25. 十进制 326 写成 8421BCD 码是( )。
    A. 001100100110　　　　　　　　　B. 000100011001
    C. 110010001011　　　　　　　　　D. 001100100111

综合测试题 2

一、判断题

1. 由于城市用电频繁,所以触电事故城市多于农村。 （　　）

2. 电灼伤、电烙印和皮肤金属化属于电伤。 （　　）

3. 电流对负载有各种不同的作用和效果,而热和磁的效应总是伴随着电流一起发生。 （　　）

4. 电流的热效应既有其有利的一面,又有其有害的一面。 （　　）

5. 电解电容是有极性电容。 （　　）

6. 可变电容器是指其耐压值可以变化的电容器。 （　　）

7. 三相四线制的相电压对称,而线电压是不对称的。 （　　）

8. 三相制就是由三个频率相同且相位也相同的电动势供电的电源系统。 （　　）

9. 当电线或电气设备发生接地事故时,距离接地点越远的地面各点电位越高,电位差越大,跨步电压就越大。 （　　）

10. 身材高大的人比身材矮小的人更容易发生跨步电压触电。 （　　）

11. 220V 的工频交流电和 220V 的直流电给人体带来的触电危害性相同。 （　　）

12. 旋转磁场转向的变化会直接影响交流异步电动机的转子旋转方向。 （　　）

13. 三相对称绕组是指结构相同、空间位置互差 120° 的三相绕组。 （　　）

14. 同步电动机输入的交流电频率与转速之比为恒定值。 （　　）

15. 三相异步电动机定子的作用是产生旋转磁场。 （　　）

16. 三极管集射电压约为电源电压,说明其工作于截止状态。 （　　）

17. 三极管处于放大状态时,发射结和集电结均正偏。 （　　）

18. 电路中各电量的交流成分是交流信号源提供的。 （　　）

19. 放大电路必须加上合适的直流电源才能正常工作。 （　　）

20. 直接耦合放大电路的温漂很小,所以应用很广泛。 （　　）

21. 在集成电路中制造大电容很困难,因此阻容耦合方式在线性集成电路中几乎无法采用。 （　　）

22. 整流电路可将正弦电压变为脉动的直流电压。 （　　）

23. 桥式整流电路中,流过每个二极管的平均电流相同,都只有负载电路的一半。（　　）

24. 任意的两个最小项之积恒为 0。 （　　）

25. 用两个与非门不可能实现与运算。 （　　）

二、选择题

1. 在下列电流路径中,最危险的是（　　）。

    A. 左手—前胸　　　　　　　　　　　　B. 左手—双脚

C. 右手—双脚　　　　　　　　　　D. 左手—右手

2. 人体电阻一般情况下取(　　)考虑。

A. 1~10Ω　　　B. 10~100Ω　　　C. 1~2kΩ　　　D. 10~20kΩ

3. 在生产和生活中,应用电流热效应的是(　　)。

A. 发光二极管　　　B. 继电器线圈　　　C. 熔断器　　　D. 动物麻醉

4. 在生产和生活中,应用电流磁效应的是(　　)。

A. 电熨斗　　　　　　　　　　　　B. 白炽灯

C. 蓄电池的充电　　　　　　　　　D. 继电器线圈

5. 电容器的容量大小(　　)。

A. 与外加电压有关

B. 与极板上储存的电荷有关

C. 与上述皆无关,是电路的固有参数

6. 照相机的闪光灯是利用(　　)放电原理工作的。

A. 电容器　　　B. 电感器　　　C. 电阻器

7. 三相额定电压为 220V 的电热丝,接到线电压为 380V 的三相电源上,最佳接法是(　　)。

A. 三角形连接　　　　　　　　　　B. 星形连接,无中性线

C. 星形连接,有中性线

8. 三相负载不对称时应采用的供电方式为(　　)。

A. 三角形连接

B. 星形连接并加装中性线

C. 星形连接

D. 星形连接并在中性线上加装熔断器

9. 保护接地只应用于(　　)。

A. 电源中性点接地的供电系统中

B. 电源中性点不接地的供电系统中

C. 两者皆可

10. 接地保护措施中,接地电阻越小,人体触及漏电设备时流经人体的电流(　　)。

A. 越大　　　B. 越小　　　C. 没有区别

11. 电源中性点接地的供电系统中,常采用的防护措施是(　　)。

A. 接地保护　　　B. 接零保护　　　C. 两者皆可

12. 三相笼型异步电动机旋转磁场的转向决定于三相电源的(　　)。

A. 相位　　　B. 频率　　　C. 相序　　　D. 幅值

13. 绕线式三相异步电动机转子绕组的特点是(　　)。

A. 转子绕组是由铸铝构成的

B. 转子绕组是笼型自封闭的

C. 转子绕组是导体绕制,由滑环构成封闭的回路

D. 转子绕组由导体绕制,其结构不构成回路

14. 三相异步电动机的旋转方向与(　　)有关。

A. 三相交流电源的频率大小

B. 三相电源的频率大小

C. 三相电源的相序

D. 三相电源的电压大小

15. 三相异步电动机轻载运行时,三根电源线突然断一根,这时会出现(　　)现象。

A. 能耗制动,直至停转

B. 反接制动后,反向转动

C. 由于机械摩擦存在,电动机缓慢停车

D. 电动机继续运转,但电流增大,电机发热

16. 对放大电路中的三极管进行测量,各极对地电压分别为 $U_B = 2.7V, U_E = 2V, U_C = 6V$,则该管工作在(　　)。

A. 放大区　　　　B. 饱和区　　　　C. 截止区　　　　D. 无法确定

17. 某单管共射极放大电路在处于放大状态时,三个电极 A、B、C 对地的电位分别是 $U_A = 2.3V, U_B = 3V, U_C = 0$,则此三极管一定是(　　)。

A. PNP 硅管　　　B. NPN 硅管　　　C. PNP 锗管　　　D. NPN 锗管

18. 基本共射极放大电路中,集电极电阻 R_C 的作用是(　　)。

A. 限制集电极电流的大小

B. 将输出电流的变化量转化为输出电压的变化量

C. 防止信号源被短路

D. 保护直流电压源 EC

19. 基本共射极放大电路中,输入正弦信号,现用示波器观察输出电压 u_o 和晶体管集电极电压 u_c 的波形,二者相位(　　)。

A. 相同　　　　　B. 相反　　　　　C. 相差 90°　　　　D. 相差 270°

20. 若三级放大电路的 $A_{V1} = A_{V2} = 20dB, A_{V3} = 30dB$,则其总电压增益为(　　)dB。

A. 50　　　　　　B. 60　　　　　　C. 70　　　　　　D. 12000

21. 基本 RS 触发器电路中,触发脉冲消失后,其输出状态(　　)。

A. 恢复原状态　　B. 保持现状态　　C. 0 状态　　　　D. 1 状态

22. 在单相桥式整流电容滤波电路中,设 U_2 为其输入电压,输出电压的平均值约为(　　)。

A. $U_o = 0.45U_2$　　B. $U_o = 1.2U_2$　　C. $U_o = 0.9U_2$　　D. $U_o = 1.4U_2$

23. 三端集成稳压器 CW7812 的输出电压是(　　)V。

A. 12　　　　　　B. 5　　　　　　C. 9　　　　　　D. 15

24. 将二进制 $(1110100)_2$ 转换成十进制数是(　　)。

A. 15　　　　　　B. 116　　　　　　C. 110　　　　　　D. 74

25. 组合逻辑电路的输出取决于(　　)。

A. 输入信号的现态　　　　　　　　B. 输出信号的现态

C. 输出信号的次态　　　　　　　　D. 输入信号的现态和输出信号的现态

综合测试题 3

一、判断题

1. 跨步电压触电属于直接接触触电。 （　　）
2. 两相触电比单相触电更危险。 （　　）
3. 电流值的正、负在选择了参考方向后就没有意义了。 （　　）
4. 电路中,在静电力作用下电荷的运动方向只有一种,因此电流的值只能为正值。 （　　）
5. 线圈中有磁通就有感应电动势,磁通越大感应电动势越大。 （　　）
6. 电磁感应定律描述的导线中,感应电动势大小与线圈匝数成反比。 （　　）
7. 电源的线电压大小与三相负载的连接方式无关。 （　　）
8. 小鸟落在一根高压线(裸线)上,不会触电。 （　　）
0. 在电源中性点不接地的低压供电系统中,电气设备均采用接地保护。 （　　）
10. 为了防止电源中性线断开,实际应用中,用户端常将电源中性线再重复接地。 （　　）
11. 接地电阻越小,人体触及带电设备时,通过人体的触电电流就越小,保护作用越好。 （　　）
12. 三相异步电动机定子与转子绕组之间不仅处于同一磁路,而且两绕组之间有电的联系。 （　　）
13. 三相对称绕组是指结构相同、空间位置完全相同的三相绕组。 （　　）
14. 三相异步电动机铭牌上所标的电压值是指电动机在额定运行时定子绕组上应加的相电压。 （　　）
15. 三相异步电动机铭牌上所标的功率值是指电动机在额定运行时,轴上输入的机械功率值。 （　　）
16. 两个二极管反向连接可作为三极管使用。 （　　）
17. 一般情况下,三极管的电流放大系数随温度的增加而减小。 （　　）
18. 由于放大的对象是变化量,所以当输入信号为直流信号时,任何放大电路的输出都毫无变化。 （　　）
19. 只要是共射极放大电路,输出电压的底部失真都是饱和失真。 （　　）
20. 负反馈放大电路中,在反馈系数较大的情况下,只有尽可能地增大开环放大倍数,才能有效地提高闭环放大倍数。 （　　）
21. 在负反馈放大电路中,放大级的放大倍数越大,闭环放大倍数就越稳定。 （　　）
22. 在电容滤波电路中,电容量越大,滤波效果越好,输出电压越小。 （　　）
23. 电容滤波电路的输出特性比电感滤波的输出特性差。 （　　）
24. 用两个与非门不可能实现与运算。 （　　）

25. 逻辑门电路在任一时刻的输出只取决于该时刻这个门电路的输入信号。（　　）

二、选择题

1. 检修工作时,凡一经合闸就可送电到工作地点的断路器和隔离开关的操作手把上应悬挂（　　）。

　　A. 止步,高压危险　　　　　　　　　B. 禁止合闸,有人工作

　　C. 禁止攀登,高压危险　　　　　　　D. 在此工作

2. 低压照明灯在潮湿场所、金属容器内使用时应采用（　　）安全电压。

　　A. 380V　　　　　　　　　　　　　B. 220V

　　C. 等于或小于36V　　　　　　　　　D. 大于36V

3. 两个阻值均为968Ω的电阻,作串联时的等效电阻与作并联时的等效电阻之比为（　　）。

　　A. 2:1　　　　　B. 1:2　　　　　C. 4:1　　　　　D. 1:4

4. 电阻为R的两个电阻串联接在电压为U的电路中,每个电阻获得的功率为P;若将两个电阻改为并联,仍接在U下,则每个电阻获得的功率为（　　）。

　　A. P　　　　　　B. $2P$　　　　　C. $P/2$　　　　　D. $4P$

5. 楞次定律可以用来确定（　　）方向。

　　A. 导体运动　　　　B. 感应电动势　　　　C. 磁场

6. 右手定则是判断导体切割磁感线所产生（　　）方向的简便方法。

　　A. 磁通　　　　　　B. 导体运动　　　　　C. 感应电动势

7. 三相不对称负载接到三相电源,其总有功功率、总无功功率和总视在功率分别为P、Q、S,则下列关系式正确的是（　　）。

　　A. $S=S_U+S_V+S_W$　　　　　　　B. $Q=3U_PI_P$

　　C. $P=\sqrt{3}U_PI_P\cos\varphi$　　　　　　　D. $S=\sqrt{P^2+Q^2}$

8. 在相同的线电压作用下,同一台三相异步电动机作三角形连接的有功功率是作星形连接的有功功率的（　　）倍。

　　A. $\sqrt{3}$　　　　　　B. $1/3$　　　　　C. 3　　　　　D. $1/\sqrt{3}$

9. 电动机着火时,应使用（　　）灭火。（选两个答案）

　　A. 二氧化碳灭火器　　　　　　　　　B. 泡沫灭火器

　　C. 干粉灭火器　　　　　　　　　　　D. 四氯化碳灭火器

10. 电气设备发生火灾原因很多,以下不会引发火灾的有（　　）。

　　A. 设备长期过载

　　B. 严格按照额定值规定条件使用产品

　　C. 线路绝缘老化

　　D. 线路漏电

11. 电气火灾一旦发生,应（　　）。

　　A. 切断电源,进行扑救　　　　　　　B. 迅速离开现场

　　C. 就近寻找水源进行扑救

12. 三相异步电动机定子空间磁场的旋转方向是由三相电源的（   ）决定的。

    A. 相位   B. 相序   C. 频率   D. 电压值

13. 常用的三相异步电动机在额定工作状态下的转差率 s 为（   ）。

    A. 0.2～0.6   B. 0.02～0.06   C. 1.0～1.5   D. 0.5～1.0

14. 三相异步电动机起动的时间较长,加载后转速明显下降,电流明显增加,可能的原因是（   ）。

    A. 电源缺相   B. 电源电压过低

    C. 某相绕组断路   D. 电源频率过高

15. 三相异步电动机在额定的负载转矩下工作,如果电源电压降低,则电动机会（   ）。

    A. 过载   B. 欠载

    C. 满载   D. 工作情况不变

16. 用直流电压表测得放大电路中某晶体管电极 1、2、3 的电压各为 $U_1=2V$,$U_2=6V$,$U_3=2.7V$,则（   ）。

    A. 1 为 e,2 为 b,3 为 c   B. 1 为 e,3 为 b,2 为 c

    C. 2 为 e,1 为 b,3 为 c   D. 3 为 e,1 为 b,2 为 c

17. 已知放大电路中某晶体管三个极的电压分别为 $U_E=1.7V$,$U_B=1.4V$,$U_C=5V$,则该管类型为（   ）。

    A. NPN 型锗管   B. PNP 型锗管   C. NPN 型硅管   D. PNP 型硅管

18. NPN 管基本共射极放大电路输出电压出现了非线性失真,通过减小 R_b 失真消除,这种失真一定是（   ）失真。

    A. 饱和   B. 截止   C. 双向   D. 相位

19. 晶体管共射极输出特性常用一簇曲线表示,其中每一条曲线对应一个特定的（   ）。

    A. i_C B. u_{CE} C. i_B D. i_E

20. 为了减小温漂,通用型集成运算放大器的输入级多采用（   ）。

    A. 共射极电路   B. 共集电极电路

    C. 差动放大电路   D. OCL 电路

21. 集成运算放大器在电路结构上放大级之间通常采用（   ）。

    A. 阻容耦合   B. 变压器耦合   C. 直接耦合   D. 光电耦合

22. 单相桥式整流电容滤波电路,输出电压平均值 $u_o=($ $)u_2$。

    A. 0.45   B. 0.9   C. 1.2   D. 1.5

23. 三端集成稳压器 CXX7805 的输出电压是（   ）V。

    A. 5   B. 9   C. 12   D. 15

24. 与 8421BCD 码 01101000 等值的十进制数是（   ）。

    A. 68   B. 38   C. 105   D. 64

25. 组合逻辑电路由（   ）构成。

    A. 门电路   B. 触发器

    C. 门电路和触发器   D. 计数器

综合测试题 4

一、判断题

1. 0.1A 电流很小,不足以致命。 ( )
2. 交流电比同等强度的直流电更危险。 ( )
3. 电解液中,带正电荷的离子在电场力作用下由高电位向低电位运动形成了电流。 ( )
4. 电路中电流的实际方向与所选取的参考方向无关。 ( )
5. 电感的大小与其中电流的变化率和产生的自感电动势有关,而与线圈自身的结构无关。 ( )
6. 电感器可以是有铁心的,也可以是空心的。 ( )
7. 人触及单根相(火)线有可能触电。 ( )
8. 供电系统一般所说的电压,如不特别声明都指线电压。 ( )
9. 安全用电规程规定,严禁一般人员带电操作,但接触到 50V 左右的带电体问题不大。 ( )
10. 接地体埋入地下,其接地电阻不超过人体电阻便可。 ( )
11. 同一低压配电网中,设备可以根据具体需要选择保护接地措施或保护接零措施。 ( )
12. 旋转磁场的转速与交流电最大值的大小成正比。 ( )
13. 旋转磁场的转速与交流电的频率无关。 ( )
14. 异步电动机的转子电流是由定子旋转磁场感应产生的。 ( )
15. 运行中的三相异步电动机缺相时,运行时间过长就有烧毁电动机的可能。 ( )
16. 晶闸管的控制极仅在触发晶闸管导通时起作用。 ( )
17. 晶闸管的控制极加上触发信号后,晶闸管就导通。 ( )
18. 现测得两个共射极放大电路空载时的电压放大倍数均为－100,将它们连成两级放大电路,其电压放大倍数应为 10000。 ( )
19. 构成计数器电路的器件必须具有记忆功能。 ( )
20. 负反馈只能改善反馈环路内的放大性能,对反馈环路之外无效。 ( )
21. 若放大电路的负载固定,为使其电压放大倍数稳定,可以引入电压负反馈,也可以引入电流负反馈。 ( )
22. 直流电源是一种将正弦信号转换为直流信号的波形变换电路。 ( )
23. 直流电源是一种能量转换电路,它将交流能量转换为直流能量。 ( )
24. 译码器是一种多路输入、多路输出的逻辑部件。 ( )
25. 译码是将二进制代码表示的特定含义翻译出来的过程。 ( )

二、选择题

1. 从安全角度考虑,设备停电必须有一个明显的(　　)。
   A. 标示牌　　　　　B. 接地处　　　　　C. 断开点并设有明显的警示牌

2. 设备或线路确认无电,应以(　　)指示作为根据。
   A. 电压表　　　　　B. 验电器　　　　　C. 断开信号

3. 人们常说的交流电压 220V、380V,是指交流电压的(　　)。
   A. 最大值　　　　　B. 有效值　　　　　C. 瞬时值　　　　　D. 平均值

4. 将 $U=220V$ 的交流电压接在 $R=110\Omega$ 的电阻器两端,则电阻器上(　　)。
   A. 电压的有效值 220V,流过的电流有效值为 2A
   B. 电压的最大值 220V,流过的电流最大值为 2A
   C. 电压的最大值 220V,流过的电流有效值为 2A
   D. 电压的有效值 220V,流过的电流最大值为 2A

5. 纯电感电路中,已知电流的初相为 $-60°$,则电压的初相为(　　)。
   A. 90°　　　　　B. 120°　　　　　C. 60°　　　　　D. 30°

6. 某些电容器上标有电容量和耐压值,使用时应根据加在电容器两端电压的(　　)来选择电容器。
   A. 有效值　　　　B. 最大值　　　　C. 平均值　　　　D. 瞬时值

7. 以下电能生产的三种形式中,对环境没有污染的生产形式是(　　)。
   A. 火力发电　　　B. 水力发电　　　C. 核能发电

8. 以下电能生产的三种形式中,投资成本最高的生产形式是(　　)。
   A. 火力发电　　　B. 水力发电　　　C. 核能发电

9. 白炽灯灯头结构有(　　)。(选两个答案)
   A. 插口式　　　　B. 螺口式　　　　C. 支架安装式

10. 三基色节能荧光灯比普通荧光灯的发光效率高(　　)。
    A. 30%　　　　　B. 5%　　　　　C. 78%

11. 单相变压器的变比为 k,若一次绕组接入直流电压 U_1,则二次电压为(　　)。
    A. U_1/k　　　　B. 0　　　　　C. kU_1　　　　　D. ∞

12. 电力变压器二次绕组额定电压应比输出线路上的额定电压高 5%～10%,是因为考虑到(　　)。
    A. 有内阻抗压降　　　B. 负载需要　　　C. 电压不稳定

13. 三相异步电动机定子铁心采用的材料应为(　　)。
    A. 剩磁大的磁性材料　　　　　　B. 钢板或铁板
    C. 铅或铝等导电材料　　　　　　D. 硅钢片

14. 对于旋转磁场的同步转速,下列说法正确的是(　　)。
    A. 与电网电压频率成正比　　　　B. 与转子转速相同
    C. 与转子电流频率相同　　　　　D. 与转差率相同

15. 在本征半导体中掺入微量的(　　)价元素,形成 N 型半导体。
    A. 二　　　　　B. 三　　　　　C. 四　　　　　D. 五

16. 在 P 型半导体中,自由电子浓度(　　)空穴浓度。

    A. 大于　　　　　　　　B. 等于　　　　　　　　C. 小于　　　　　　　　D. 无法确定

17. 工作在放大状态的双极型晶体管是(　　)。

    A. 电流控制元件　　　　　　　　　　　　B. 电压控制元件

    C. 不可控元件　　　　　　　　　　　　　D. 电阻控制元件

18. 放大电路的三种组态(　　)。

    A. 都有电压放大作用　　　　　　　　　　B. 都有电流放大作用

    C. 都有功率放大作用　　　　　　　　　　D. 只有共射极电路有功率放大作用

19. 晶体管构成的三种放大电路中,没有电压放大作用但有电流放大作用的是(　　)。

    A. 共集电极接法　　　　　　　　　　　　B. 共基极接法

    C. 共射极接法　　　　　　　　　　　　　D. 以上都不是

20. 集成运算放大器输入级通常采用(　　)。

    A. 共射极放大电路　　　　　　　　　　　B. OCL 互补对称电路

    C. 差分放大电路　　　　　　　　　　　　D. 偏置电路

21. 理想运算放大器的开环差模增益 A_{od} 为(　　)。

    A. 0　　　　　　　　　B. 1　　　　　　　　C. 10^5　　　　　　　　D. ∞

22. 整流的目的是(　　)。

    A. 将交流变为直流　　　　　　　　　　　B. 将高频变为低频

    C. 将正弦波变为方波　　　　　　　　　　D. 无法确定

23. 串联型稳压电路中的放大环节放大的对象是(　　)。

    A. 基准电压　　　　　　　　　　　　　　B. 采样电压

    C. 基准电压与采样电压之差　　　　　　　D. 无法确定

24. 时序电路可由(　　)构成。

    A. 触发器或门电路　　　　　　　　　　　B. 门电路

    C. 触发器或触发器和门电路的组合　　　　D. 运算放大器

25. 时序电路输出状态的改变(　　)。

    A. 仅与该时刻的输入信号状态有关

    B. 仅与时序电路的原状态有关

    C. 与该时刻的输入信号状态和时序电路的原状态均有关

    D. 以上都不对

综合测试题 5

一、判断题

1. 在任何环境下,36V 都是安全电压。 （　）

2. 因为零线比火线安全,所以开关大多安装在零线上。 （　）

3. 电压一定时,负载大小是指通过负载的电流大小。 （　）

4. 在电源电压不变的条件下,电路的电阻减小,就是负载减小;电路的电阻增大,就是负载增大。 （　）

5. 相位表示正弦量在某一时刻所处的变化状态,它不仅决定该时刻瞬时值的大小和方向,还决定该时刻正弦量的变化趋势。 （　）

6. 两个同频率的正弦量,如果同时达到最大值,那么它们是同相位的。 （　）

7. 三相四线制供电系统中,人触及中性线没有危险。 （　）

8. 三相电源作星形连接时,线电压和相电压分别是一组对称电压,它们的数值不等,但相位相同。 （　）

9. 只要人体未与带电体接触,就不可能发生触电事故。 （　）

10. 用电设备与电源断开后进行操作是绝对安全可靠的,不会有触电事故发生。 （　）

11. 电气火灾一旦发生,应立即用水扑救。 （　）

12. 当交流电频率一定时,异步电动机的磁极对数越多,旋转磁场转速就越低。 （　）

13. 三相异步电动机定子与转子之间没有电的联系,但处于同一磁路中。 （　）

14. 三相异步电动机的转子旋转方向与定子旋转磁场的旋转方向相同。 （　）

15. 改变电源的频率可以改变电动机的转速。 （　）

16. 加在晶闸管控制极上的触发电压,一般不准超过 10V。 （　）

17. 当晶闸管阳极电压为零时,晶闸管马上关断。 （　）

18. 只有直接耦合放大电路中晶体管的参数才随温度变化而变化。 （　）

19. 运算电路中一般均引入负反馈。 （　）

20. 电压负反馈可以稳定输出电压,流过负载的电流也就必然稳定,因此电压负反馈和电流负反馈都可以稳定输出电流,在这一点上电压负反馈和电流负反馈没有区别。 （　）

21. 串联负反馈不适用于理想电流信号源的情况,并联负反馈不适用于理想电压信号源的情况。 （　）

22. 在变压器副边电压和负载电阻相同的情况下,桥式整流电路的输出电流是半波整流电路输出电流的 2 倍。 （　）

23. 若 U_2 为电源变压器副边电压的有效值,则半波整流电容滤波电路和全波整流电容滤波电路在空载时的输出电压均为 $\sqrt{2}U_2$。　　　　　　　　　　　　（　　）

24. 寄存器的功能是存储二进制代码和数据,并对所存储的信息进行处理。　（　　）

25. 寄存器存储输入的二进制数码或信息时,是按寄存指令要求进行的。　　（　　）

二、选择题

1. 下列说法中正确的是（　　）。

　　A. 家庭电路中的熔丝熔断,一定是发生了短路

　　B. 有金属外壳的家用电器,一定要插在三孔插座上

　　C. 家用电能表上的示数表示了家庭用电的总功率

　　D. 电风扇工作时,消耗的电能全部转化为机械能

2. 一个电热器,接在 10V 的直流电源上,产生的功率为 P。把它改接在正弦交流电源上,使其产生的功率为 $P/2$,则正弦交流电源电压的最大值为（　　）V。

　　A. 7.07　　　　　　B. 5　　　　　　　C. 14　　　　　　　　D. 10

3. 提高供电电路的功率因数,下列说法正确的是（　　）。

　　A. 减小了用电设备中无用的无功功率

　　B. 减小了用电设备的有功功率,提高了电源设备的容量

　　C. 可以节省电能

4. 在寻找熔丝熔断的原因中,下列可以排除的是（　　）。

　　A. 插座内部"碰线"　　　　　　　　B. 插头内部"碰线"

　　C. 灯座内部"碰线"　　　　　　　　D. 开关内部"碰线"

5. 下列做法中正确的是（　　）。

　　A. 居民小院中突然停电,利用这个机会在家中检修日光灯

　　B. 测电笔中的电阻丢了,用一只普通电阻代替

　　C. 在有绝缘皮的通电电线上晾晒衣服

　　D. 检修电路时,应先切断闸刀开关

6. 安装闸刀开关时（　　）。

　　A. 静触点可以在上面,也可以在下面

　　B. 静触点必须在上面,且连接电源线

　　C. 静触点必须在下面,且连接电源线

　　D. 电源线可以连接在闸刀开关的任何接头上

7. 以下电能生产的三种形式中,发电成本最高的生产形式是（　　）。

　　A. 火力发电　　　B. 水力发电　　　C. 核能发电

8. 在发电厂或大型变电站之间的输电网中,电能的输送采用（　　）。

　　A. 高压输送　　　B. 低压输送　　　C. 两种方式均可

9. 负载减小时,变压器的一次电流将（　　）。

　　A. 增大　　　　　　　　　　　　B. 不变

　　C. 减小　　　　　　　　　　　　D. 无法判断

10. 变压器中起传递电能作用的是( )。

    A. 主磁通   B. 漏磁通   C. 电流   D. 电压

11. 变压器一次、二次绕组中不能改变的物理量是( )。

    A. 电压   B. 电流   C. 阻挠   D. 频率

12. 一台三相异步电动机带恒定负载运行,将负载去掉后,电动机稳定运行的转速将( )。

    A. 等于同步转速   B. 大于同步转速

    C. 小于同步转速

13. 根据三相笼型异步电动机机械特性可知,电磁转矩达到最大值是在( )。

    A. 启动瞬间   B. 启动后某时刻

    C. 达到额定转速时   D. 停车瞬间

14. 本征半导体温度升高以后,( )。

    A. 自由电子增多,空穴数基本不变

    B. 空穴数增多,自由电子数基本不变

    C. 自由电子数和空穴数都增多,且数目相同

    D. 自由电子数和空穴数都不变

15. 空间电荷区由( )构成。

    A. 电子   B. 空穴   C. 离子   D. 分子

16. 设某晶体管三个极的电压分别为 $U_E = 13V$, $U_B = 12.3V$, $U_C = 6.5V$,则该管为( )。

    A. PNP 型锗管   B. NPN 型锗管   C. PNP 型硅管   D. NPN 型硅管

17. 已知放大电路中某晶体管三个极的电压分别为 $U_E = 6V$, $U_B = 5.3V$, $U_C = 0$,则该管为( )。

    A. PNP 型锗管   B. NPN 型锗管   C. PNP 型硅管   D. NPN 型硅管

18. 在基本共射极放大电路中,负载电阻 R_L 减小时,输出电阻 R_o 将( )。

    A. 增大   B. 减小   C. 不变   D. 不能确定

19. 在三种基本放大电路中,输入电阻最小的放大电路是( )。

    A. 共射极放大电路   B. 共基极放大电路

    C. 共集电极放大电路   D. 不能确定

20. 要得到一个由电流控制的电流源应选用( )。

    A. 电压串联负反馈   B. 电压并联负反馈

    C. 电流串联负反馈   D. 电流并联负反馈

21. 要得到一个由电压控制的电流源应选用( )。

    A. 电压串联负反馈   B. 电压并联负反馈

    C. 电流串联负反馈   D. 电流并联负反馈

22. 数字电路用来研究和处理( )。

    A. 连续变化的信号   B. 离散信号

    C. 连续变化的信号和离散信号

23. 十进制数 1986 中第二位的"权"是（   ）。

    A. 8×10^2　　　　　B. 8×10^3　　　　　C. 10^1　　　　　D. 8×10^1

24. 寄存器中与触发器相配合的控制电路通常由（   ）构成。

    A. 门电路　　　　　B. 触发器　　　　　C. 二极管　　　　　D. 晶体管

25. 6 个触发器构成的寄存器能存放（   ）位数据信号。

    A. 6　　　　　B. 12　　　　　C. 18　　　　　D. 24

附录

习题及综合测试题答案

第1单元 电路基础

项目1 认识电及安全用电

任务 1.1 了解生活中的电

一、判断题

1. √ 2. √ 3. × 4. √ 5. × 6. √ 7. × 8. √ 9. × 10. ×

二、选择题

1. D 2. C 3. A 4. C

任务 1.2 了解安全用电常识

一、判断题

1. × 2. √ 3. × 4. √ 5. × 6. √ 7. × 8. × 9. √ 10. ×

二、选择题

1. C 2. B 3. D 4. D 5. D 6. B 7. C

任务 1.3 认识电工实训室

一、判断题

1. × 2. × 3. √ 4. × 5. √ 6. √ 7. √ 8. √ 9. × 10. × 11. ×
12. √ 13. √ 14. ×

二、选择题

1. D 2. D 3. C 4. B 5. C 6. B 7. C 8. A 9. A 10. B 11. B 12. B 13. C 14. C 15. B 16. A 17. C 18. C

项目 2 认识直流电路

任务 2.1 认识电路的组成

一、判断题

1. × 2. × 3. √ 4. √ 5. ×

二、选择题

1. A 2. D

任务 2.2 电流和电压的测量

一、判断题

1. × 2. × 3. √ 4. √ 5. × 6. × 7. √ 8. √

二、选择题

1. C 2. D 3. A 4. A

任务 2.3 电阻识别与测量

一、判断题

1. × 2. √ 3. √ 4. × 5. × 6. √ 7. √ 8. × 9. √

二、选择题

1. D 2. D

任务 2.4 电能与电功率的测量

一、判断题

1. √ 2. × 3. × 4. × 5. √ 6. × 7. √ 8. × 9. ×

二、选择题

1. C 2. D 3. B 4. B 5. B 6. D

任务 2.5 探究电路的基本定律

一、判断题

1. × 2. × 3. ×

二、选择题

1. C 2. A 3. B 4. D

项目 3 电容和电感

任务 3.1 认识电容

一、判断题

1. √ 2. × 3. √ 4. × 5. √

二、选择题

1. C 2. A

任务 3.2 了解电磁感应

一、判断题

1. × 2. × 3. ×

二、选择题

1. B 2. C

任务 3.3 认识电感

一、判断题

1. × 2. × 3. √

二、选择题

1. A 2. B

项目 4 单相正弦交流电路

任务 4.1 认识正弦交流电

一、判断题

1. √ 2. ×

二、选择题

1. D 2. B

任务 4.2 认识单一参数正弦交流电路的规律

一、判断题

1. √ 2. × 3. × 4. × 5. √ 6. × 7. √ 8. × 9. √ 10. √ 11. √
12. √ 13. √ 14. ×

二、选择题

1. A 2. D 3. B

任务 4.3 认识 *RL* 串联电路的规律

一、判断题

1. × 2. √ 3. × 4. × 5. × 6. × 7. × 8. ×

二、选择题

1. B 2. D 3. D 4. C 5. A 6. B 7. B 8. A

任务 4.4 模拟安装家庭照明电路

一、判断题

1. × 2. √

二、选择题

1. B 2. B 3. A 4. D 5. D 6. B 7. D 8. B 9. D 10. B

项目 5 三相正弦交流电路

任务 5.1 认识三相交流电

一、判断题

1. √ 2. √ 3. × 4. × 5. √ 6. √ 7. √ 8. √ 9. × 10. × 11. √
12. ×

二、选择题

1. D 2. C 3. B

任务 5.2 三相负载的接法

一、判断题

1. √ 2. × 3. × 4. √ 5. × 6. √ 7. × 8. × 9. × 10. √ 11. ×

12. ×　13. ×　14. √　15. ×　16. √　17. √　18. √　19. ×

二、选择题

1. C　2. D　3. B　4. D　5. B　6. B　7. C　8. B　9. D　10. C　11. A

第2单元　电　工　技　术

项目6　用电技术及常用电器

任务6.1　电力供电与节约用电

一、判断题

1. ×　2. ×

二、选择题

1. B　2. C　3. A　4. A　5. AC

任务6.2　用电保护

一、判断题

1. ×　2. ×　3. ×　4. ×　5. √　6. ×　7. ×　8. ×　9. √　10. √　11. √
12. ×　13. ×　14. ×　15. ×　16. ×　17. √

二、选择题

1. B　2. A　3. A　4. B　5. B　6. B　7. BC　8. A　9. A

任务6.3　安装照明灯具

一、判断题

1. ×　2. ×

二、选择题

1. AB　2. A

任务6.4　认识变压器

一、判断题

1. ×　2. ×　3. √　4. ×　5. ×　6. √　7. ×　8. √　9. ×　10. ×　11. √
12. √　13. ×　14. ×　15. ×　16. √　17. √　18. ×　19. √

二、选择题

1．B　2．A　3．C　4．A　5．D　6．B　7．A　8．A　9．C　10．D　11．B　12．C　13．AC

任务6.5　认识交流电动机

一、判断题

1．×　2．×　3．√　4．√　5．×　6．×　7．×　8．×　9．√　10．√　11．√　12．√　13．√　14．×　15．×　16．×　17．×　18．√　19．×　20．×

二、选择题

1．AD　2．B　3．C　4．C　5．B　6．B　7．D　8．A　9．C　10．D　11．C　12．B

任务6.6　认识常用低压电器

一、判断题

1．×　2．√　3．×　4．√　5．×　6．×　7．√　8．×　9．√　10．√　11．√　12．√　13．√　14．×　15．√　16．×　17．√　18．√　19．√　20．√

二、选择题

1．AC　2．B　3．BD　4．AD　5．ABC　6．A

项目7　三相异步电动机控制电路

任务7.1　三相异步电动机

一、判断题

1．×　2．√　3．√　4．√　5．×　6．×　7．√　8．√　9．√　10．√

二、选择题

1．C　2．B

任务7.2　三相异步电动机的控制

一、判断题

1．√　2．√　3．×　4．√　5．√　6．√　7．√　8．√

二、选择题

1．C　2．D　3．B　4．A

第 3 单元　模拟电子技术

项目 8　常用半导体器件性能与测试

任务 8.1　二极管的性能与测试

一、判断题

1. √　2. ×　3. ×　4. ×　5. √　6. ×　7. √　8. ×　9. √　10. √　11. √
12. √　13. ×　14. √　15. ×　16. √

二、选择题

1. D　2. C　3. C　4. C　5. A　6. C　7. A　8. A　9. A　10. B　11. B　12. B
13. C　14. B　15. D　16. C　17. C　18. C

任务 8.2　三极管的性能与测试

一、判断题

1. ×　2. ×　3. √　4. ×　5. ×　6. ×　7. ×

二、选择题

1. A　2. B　3. C　4. D　5. D　6. D　7. A　8. A　9. C　10. B　11. B　12. C
13. D　14. C　15. A　16. B　17. A　18. B　19. A　20. B　21. C　22. A　23. A
24. B

任务 8.3　晶闸管的性能与测试

一、判断题

1. √　2. ×　3. ×　4. √　5. √

二、选择题

1. B　2. A

项目 9　线性放大电路制作与测试

任务 9.1　共射极单管放大电路的分析、制作与测试

一、判断题

1. ×　2. √　3. ×　4. ×　5. √　6. ×　7. ×　8. ×　9. √　10. ×　11. ×
12. √

二、选择题

1．B　2．A　3．B　4．A　5．B　6．C　7．A　8．B　9．C　10．C　11．D　12．B　13．C　14．C　15．B　16．C　17．C　18．A　19．D　20．B　21．B　22．B　23．C　24．C　25．B

项目 10　集成运算放大器电路制作与测试

任务 10.1　集成运算放大器的分析、制作与测试

一、判断题

1．√　2．×　3．×　4．√　5．×　6．×　7．×　8．×　9．×　10．√　11．√　12．×　13．×　14．×　15．×　16．√　17．√　18．×　19．√　20．√　21．√　22．√　23．√　24．√

二、选择题

1．C　2．D　3．C　4．C　5．C　6．D　7．D　8．C　9．C　10．B　11．D　12．D　13．D　14．D　15．AB　16．B　17．B　18．A　19．A　20．D

项目 11　电源电路制作与测试

任务 11.1　三端集成稳压电源的分析、制作与测试

一、判断题

1．√　2．×　3．√　4．√　5．×　6．√　7．×　8．√　9．×　10．√　11．×　12．√　13．√　14．√　15．×　16．√　17．√　18．√　19．×

二、选择题

1．B　2．A　3．A　4．B　5．C　6．C　7．B　8．A　9．C　10．A　11．A　12．C　13．A

第 4 单元　数字电子技术

项目 12　基本逻辑电路

任务 12.1　认识数字电路

一、判断题

1．√　2．×　3．√　4．√　5．√　6．×　7．√　8．×　9．√

二、选择题

1. B　2. C　3. C　4. A　5. B　6. C　7. A

任务 12.2　认识逻辑门电路

一、判断题

1. √　2. ×　3. ×　4. ×　5. ×　6. √　7. ×　8. √　9. √

二、选择题

1. C　2. D　3. C　4. A　5. C　6. A　7. B　8. B

任务 12.3　化简逻辑代数及逻辑函数

一、判断题

1. √　2. ×　3. ×　4. ×　5. √　6. √　7. √　8. √　9. √

二、选择题

1. A　2. B　3. D　4. C　5. B　6. A　7. A　8. C　9. B

项目 13　组合逻辑电路和时序逻辑电路

任务 13.1　分析组合逻辑电路

一、判断题

1. ×　2. √

二、选择题

1. A　2. A　3. B　4. A　5. C　6. A

任务 13.2　认识译码器

一、判断题

1. √　2. √　3. √　4. √　5. √

二、选择题

C

任务 13.3　认识 *RS* 触发器

一、判断题

1. √　2. √　3. ×　4. ×　5. √　6. √　7. √　8. ×

二、选择题

1．C 2．C 3．B 4．B 5．C

任务 13.4 认识寄存器

一、判断题

1．× 2．√ 3．× 4．√ 5．√

二、选择题

1．A 2．A 3．C 4．B 5．B

任务 13.5 认识计数器

一、判断题

1．√ 2．√ 3．√ 4．√ 5．√ 6．×

二、选择题

1．C 2．C 3．B 4．A

综合测试题 1

一、判断题

1．√ 2．√ 3．× 4．√ 5．√ 6．× 7．√ 8．√ 9．× 10．× 11．×
12．× 13．× 14．× 15．√ 16．× 17．× 18．× 19．√ 20．√ 21．×
22．√ 23．× 24．√ 25．×

二、选择题

1．D 2．C 3．C 4．B 5．D 6．C 7．AC 8．B 9．A 10．A 11．AD
12．B 13．C 14．B 15．C 16．D 17．B 18．D 19．C 20．C 21．C 22．C
23．C 24．C 25．A

综合测试题 2

一、判断题

1．× 2．√ 3．√ 4．√ 5．√ 6．× 7．× 8．× 9．× 10．√ 11．×
12．√ 13．√ 14．√ 15．√ 16．√ 17．× 18．× 19．√ 20．× 21．√
22．√ 23．√ 24．√ 25．×

二、选择题

1．A 2．C 3．C 4．D 5．C 6．A 7．C 8．B 9．B 10．B 11．B 12．C

13．C　14．C　15．D　16．A　17．A　18．B　19．A　20．C　21．B　22．B　23．A
24．B　25．A

综合测试题 3

一、判断题

1．×　2．√　3．×　4．×　5．×　6．×　7．√　8．√　9．√　10．√　11．√
12．×　13．×　14．×　15．×　16．×　17．×　18．×　19．×　20．×　21．×
22．×　23．√　24．×　25．√

二、选择题

1．B　2．C　3．C　4．D　5．B　6．C　7．D　8．C　9．BC　10．B　11．A　12．B
13．B　14．B　15．A　16．B　17．C　18．B　19．C　20．C　21．C　22．C　23．A
24．A　25．A

综合测试题 4

一、判断题

1．×　2．√　3．√　4．√　5．×　6．√　7．√　8．√　9．×　10．×　11．×
12．×　13．×　14．√　15．√　16．√　17．×　18．×　19．√　20．×　21．×
22．×　23．√　24．√　25．√

二、选择题

1．C　2．B　3．B　4．A　5．D　6．B　7．B　8．C　9．AB　10．A　11．B　12．A
13．D　14．A　15．D　16．C　17．A　18．C　19．D　20．C　21．B　22．A　23．C
24．C　25．C

综合测试题 5

一、判断题

1．×　2．×　3．√　4．×　5．√　6．×　7．×　8．×　9．×　10．×　11．×
12．√　13．√　14．√　15．√　16．√　17．×　18．×　19．√　20．×　21．√
22．√　23．√　24．×　25．√

二、选择题

1．B　2．D　3．D　4．D　5．D　6．B　7．A　8．A　9．C　10．A　11．D　12．C
13．B　14．C　15．C　16．D　17．C　18．C　19．B　20．D　21．C　22．B　23．C
24．A　25．A